Deutsche
Forschungsgemeinschaft

**Fortschritte
geowissenschaftlicher
Forschung**

Deutsche Forschungsgemeinschaft

Fortschritte geowissenschaftlicher Forschung

Herausgegeben von
der Senatskommission für
Geowissenschaftliche Gemeinschaftsforschung

Mitteilung 24

Deutsche Forschungsgemeinschaft
Geschäftsstelle: Kennedyallee 40, D-53175 Bonn
Postanschrift: D-53175 Bonn
Telefon: ++49/228/885-1
Telefax: ++49/228/885-2777
E-Mail: (X.400): S=postmaster; P=dfg; A=d400; C=de
E-Mail: (Internet RFC 822): postmaster@dfg.de
Internet: http://www.dfg.de

Das vorliegende Werk wurde sorgfältig erarbeitet. Dennoch übernehmen Autor und Verlag für die Richtigkeit von Angaben, Hinweisen und Ratschlägen sowie für eventuelle Druckfehler keine Haftung.

Die Deutsche Bibliothek – CIP-Einheitsaufnahme
Ein Titeldatensatz für diese Publikation ist bei Die Deutsche Bibliothek erhältlich

© WILEY-VCH Verlag GmbH, D-69469 Weinheim (Federal Republic of Germany), 2000
Gedruckt auf säurefreiem und chlorfrei gebleichtem Papier.

Alle Rechte, insbesondere die der Übersetzung in andere Sprachen, vorbehalten. Kein Teil dieses Buches darf ohne schriftliche Genehmigung des Verlages in irgendeiner Form – durch Photokopie, Mikroverfilmung oder irgendein anderes Verfahren – reproduziert oder in eine von Maschinen, insbesondere von Datenverarbeitungsmaschinen, verwendbare Sprache übertragen oder übersetzt werden. Die Wiedergabe von Warenbezeichnungen, Handelsnamen oder sonstigen Kennzeichen in diesem Buch berechtigt nicht zu der Annahme, daß diese von jedermann frei benutzt werden dürfen. Vielmehr kann es sich auch dann um eingetragene Warenzeichen oder sonstige gesetzlich geschützte Kennzeichen handeln, wenn sie nicht eigens als solche markiert sind.

All rights reserved (including those of translation into other languages). No part of this book may be reproduced in any form – by photoprinting, microfilm, or any other means – nor transmitted or translated into a machine language without written permission from the publishers. Registered names, trademarks, etc. used in this book, even when not specifically marked as such, are not to be considered unprotected by law.

Umschlaggestaltung und Typographie: Dieter Hüsken
Satz: K+V Fotosatz GmbH, D-64743 Beerfelden
Druck: betz-druck gmbh, D-64291 Darmstadt
Bindung: Wilhelm Osswald & Co., D-67433 Neustadt

Printed in Germany

Inhalt

Vorwort IX

1	Synopse Sonderforschungsbereich 108 Spannung und Spannungsumwandlung in der Lithosphäre 1
	Karl Fuchs

1.1 Kontinente – Rätsel der Plattentektonik 1
1.2 Zum Thema „Spannung und Spannungsumwandlung in der Lithosphäre" 2
1.3 Hauptergebnisse 3
1.3.1 Riftsysteme 4
1.3.2 Unterkruste 6
1.3.3 Weltkarte tektonischer Spannungen 12
1.4 Verknüpfung der Schlüsselergebnisse 16
1.4.1 Stile kontinentalen Riftings 17
1.4.2 Petrophysikalische Modellierung 18
       Französisches Zentralmassiv 18
       Chyulu Hills 20
       Lithosphärischer Mantel 20
1.4.3 Die Moho-Wechsel in der Skaligkeit lithosphärischer Heterogenitäten 24
1.4.4 Entkopplung Kruste/Mantel und das tektonische Spannungsfeld auf Kontinenten 25
1.4.5 Prozesse an der Krusten-Mantel-Grenze 26
1.5 Krusten-Mantel-Wechselwirkung 27
1.5.1 Kontinentale Transform-Verwerfungen 28
1.5.2 Subduktion an Orogenen 30
1.6 Schlußfolgerungen 30

Inhalt

1.6.1	Offene Fragen	30
1.6.2	Perspektiven	31
1.7	Literatur	33

2 Das Zentrallaboratorium für Geochronologie (ZLG) in Münster – Zwei Jahrzehnte geowissenschaftlicher Forschung an einer „DFG-Hilfseinrichtung" 39
Borwin Grauert, Albrecht Baumann; unter Mitwirkung von Michael Bröcker und Ulrich Kramm

2.1	Einleitung	39
2.2	Arbeiten zur methodischen Erweiterung	43
2.2.1	Erfassung, Datierung und Interpretation von Ungleichgewichten der Isotopenverteilung von Strontium und Neodym	43
2.3	Untersuchungen zur Frage der Anwendbarkeit geochronologischer Methoden	47
2.3.1	Einfluß von Gesteinsdeformation, Rekristallisation und Temperung auf Isotopenverteilungen	47
2.3.2	Einfluß wasserreicher fluider Phasen auf die Isotopenverteilung in Gesteinen	51
2.3.3	Interpretation von U-Pb-Altern akzessorischer Monazite	52
2.3.4	Homogenitätsbereiche und „Trennwände" für den Isotopenaustausch	57
2.4	Untersuchungen zu geochronologischen Fragestellungen einiger ausgewählter Gebiete	59
2.4.1	Charnockite Indiens	59
2.4.2	Gebänderte Metasedimente Nordwestargentiniens	61
2.4.3	Gneise und Relikte einer HP-HT-Metamorphose im zentralen Schwarzwald	67
2.4.4	Alter detritischer Zirkone im nordwest-mitteleuropäischen Paläozoikum (Rheinisches Schiefergebirge, Ardennen, Brabanter Massiv)	74
2.4.5	Variszische Plutonite des Harzes	79
2.4.6	Alkaligesteine des Urals, Rußland	83
2.4.7	Magmen des Kaiserstuhls	86
2.4.8	Metamorpher Kernkomplex der Insel Thasos, Nord-Griechenland	90
2.4.9	Isotopengeochemie des Stoffausstauschs in der Fenitaureole des Iivaara-Alkaligesteinskomplexes, Finnland	95
2.5	Beiträge zum Kontinentalen Tiefbohrprogramm der Bundesrepublik (KTB)	98
2.5.1	Die Tiefbohrung und ihr Umfeld	98

Inhalt

2.5.2	„Widersprüche" in der geochronologischen Information aus der Tiefbohrung und dem Umfeld	108
2.6	Arbeiten zur Lagerstättengenese	112
2.6.1	Blei-Isotopie von Galeniten aus dem Bergbaugebiet der Anden Zentralperus	112
2.6.2	Strontium-Isotopie hydrothermaler Gangminerale in Lagerstätten Westdeutschlands	116
2.7	Beiträge zur Archäometallurgie	117
2.7.1	Blei-Isotopenuntersuchungen an bronzezeitlichen Verhüttungsprodukten	117
2.7.2	Blei-Isotopie mittelalterlicher Gläser	120
2.8	Literatur	124
2.9	Projekte des ZLG seit 1976	129
2.10	Verzeichnis der Veröffentlichungen mit Ergebnissen des ZLG (ohne Kurzfassungen, Dissertationen und Habilitationsschriften)	137
2.11	Verzeichnis der Dissertationen und Habilitationsschriften mit Ergebnissen des ZLG	145

Mitglieder der Senatskommission für Geowissenschaftliche Gemeinschaftsforschung 147

Vorwort

Die Mitteilungen der Senatskommission für Geowissenschaftliche Gemeinschaftsforschung der Deutschen Forschungsgemeinschaft dienen der Information über geowissenschaftliche Forschungsvorhaben. Die Geokommission sieht darin eine Möglichkeit, die Zusammenarbeit in den Geowissenschaften zu fördern und die Verbindung zwischen den verschiedenen geowissenschaftlichen Disziplinen zu stärken.

Dem Anspruch interdisziplinärer Forschung entsprach in besonderer Weise der Sonderforschungsbereich 108 „Spannung und Spannungsumwandlung in der Lithosphäre" in Karlsruhe, der ein ausgezeichnetes Beispiel für die multidisziplinäre Zusammenarbeit vor Ort und die enge Verbindung mit internationalen Programmen darstellte. So war der 1981 begonnene Sonderforschungsbereich von Beginn an eine interfakultative Kooperation von Forschern aus der Physik, den Geowissenschaften und Bauingenieuren. Eine wichtige und ständige Herausforderung war zudem die enge Verbindung mit internationalen Programmen, insbesondere dem damals neu gegründeten Internationalen Lithosphären-Programm (ILP), unter dessen Dach der Sonderforschungsbereich bis zum Ende seiner Laufzeit im Jahre 1995 stand. Das Durchhalten der Multidisziplinarität über die Fakultätsgrenzen hinaus und der ständige Kontakt der Mitarbeiter mit international angesehenen Wissenschaftlern im Gastforscherprogramm des Sonderforschungsbereichs schaffte erst die Voraussetzungen zum Erforschen der komplexen wissenschaftlichen Zusammenhänge, denen sich der Sonderforschungsbereich in seinem anspruchsvollen Arbeitsprogramm zu stellen hatte. In der vorliegenden Mitteilung werden die Hauptergebnisse noch einmal zusammengefaßt.

Das seit 1976 von der Deutschen Forschungsgemeinschaft als „Hilfseinrichtung der Forschung" geförderte Zentrallaboratorium für Geochronologie in Münster ist ein weiteres Beispiel erfolgreicher interdisziplinärer Forschung in den Geowissenschaften. Als nationales Dienstleistungszentrum für die Gewinnung geochronologischer Daten nimmt das ZLG inzwischen auch eine Spitzenposition in der internationalen isotopengeochemischen Forschung ein. Der vorliegende Bericht spiegelt eindrucksvoll die in den vergangenen Jahren stetig zugenommene Bedeutung der Isotopengeochemie und Geochronologie wider, die inzwischen nicht nur für die Geowissenschaften, sondern in zunehmendem

Maße auch für die Umweltforschung, die Archäometrie und die extraterrestrische Forschung an Gewicht gewonnen haben. Die Bedeutung des Zentrallaboratoriums in Münster als Dienstleistungsinstitution im Bereich der Isotopengeochemie wird sich dadurch weiter erhöhen.

Prof. Dr. Hans-Peter Harjes   Dr. Ludwig Stroink
– Vorsitzender der Geokommission –   – Sekretär –

1 Synopse Sonderforschungsbereich 108 – Spannung und Spannungsumwandlung in der Lithosphäre

Karl Fuchs

1.1 Kontinente – Rätsel der Plattentektonik

Kontinente spielen in der Plattentektonik eine rätselhafte Rolle. Sie bilden zwar die ältesten und daher dauerhaftesten Baueinheiten der Oberfläche des Planeten, und doch finden sich auf ihnen auch die Stellen, an denen Platten auseinanderbrechen. Neue Ozeane beginnen auf Kontinenten, ozeanische Platten zerbrechen selten! Als das Internationale Lithosphären-Programm (ILP) in der zweiten Dekade der Plattentektonik gegen Ende der 70er Jahre vorbereitet wurde, war es deutlich, daß der Ozeanboden nur ein Alter von 200 Ma besitzt. Daher konnte die Bewegung der Platten in der größeren Vergangenheit unseres Planeten nur auf den Kontinenten entziffert werden, welche die Narben einer 3800 Ma alten Geschichte tragen. Die Öffnung des Zeitfensters in die Vergangenheit war eine der Hauptmotivation für das ILP, seine Untersuchungen auf die Kontinente zu konzentrieren.

Kontinente sind nicht so starr, wie es dem einfachen Bild der Plattentektonik entspricht. Ihre Verformung ist am stärksten an den kontinentalen Rändern, aber nicht auf sie beschränkt. Sie verformen sich intern und bilden dort sedimentäre Becken, Plateaus und Gräben. Schließlich zeigen die Intraplatten-Erdbeben, daß Kontinente auch intern deformiert werden. Die größten Transform-Verwerfungen befinden sich auf Kontinenten in der Nähe des Ozean-Kontinent-Kontaktes (z. B. San Andreas-Verwerfung, Tote Meer-Verwerfung, nordanatolische Verwerfung) und nicht in der ozeanischen Lithosphäre, wo dieser Verwerfungstyp ursprünglich entdeckt worden war. Welches sind die Kräfte und die Eigenschaften der Lithosphäre, die für die Instabilität der Kontinente verantwortlich sind?

Im folgenden wird ein Überblick über die Forschungsergebnisse des Sonderforschungsbereichs „Spannung und Spannungsumwandlung in der Lithosphäre" (Sonderforschungsbereich 108) gegeben. Der Sonderforschungsbereich 108 ist ein Beitrag aus Deutschland zum ILP. Zunächst wird in einem Rückblick auf die Vorstellungen zu Spannung und Spannungsumwandlung in der Lithosphäre verwiesen, wie sie den Sonderforschungsbereich 108 an seinem Beginn 1981 leiteten. Anschließend folgt ein Überblick über die Hauptergebnisse der

Untersuchung von Riftsystemen, der Weltspannungskarte und der strukturellen Skaligkeit der kontinentalen Lithosphäre. Die Verknüpfung der Schlüsselergebnisse ist ein wichtiger Punkt interdisziplinärer Forschung. Schließlich werden offene Fragen und Perspektiven für zukünftige Forschung angeschnitten. – Diese Synopse wird im wesentlichen nur die verschiedenen Beiträge des Sonderforschungsbereichs 108 zitieren und miteinander verbinden. Für die Spezialliteratur wird der Leser auf die Veröffentlichungen in Tectonophysics 275 und 278 (Fuchs et al. 1997 a, b) verwiesen.

1.2 Zum Thema „Spannung und Spannungsumwandlung in der Lithosphäre"

Die Untersuchung von „Spannung und Spannungsumwandlung in der kontinentalen Lithosphäre" war die integrierende und treibende Kraft im Sonderforschungsbereich 108 an der Universität Karlsruhe während der vergangenen 15 Jahre. Von Anfang an war es als interdisziplinäre Zusammenarbeit von Geologie über Geophysik, Petrologie, Mineralogie und Geodäsie bis hin zur Felsmechanik konzipiert. Es ist aufschlußreich, sich an manche Vorstellungen zu erinnern, welche den Sonderforschungsbereich 108 anfangs leiteten.

Spannung und Spannungsumwandlung auf Kontinenten begegnen uns in Raum und Zeit auf einer breiten Skala: von epirogenen Bewegungen der Plateau-Aufwölbungen, Bildung von Becken und Gräben bis zu den Orogenesen und Erdbeben am kurzen Ende der Skala. In all diesen Prozessen spielt die Unterkruste als Zone verminderter Viskosität eine wichtige, vermittelnde Rolle. Sie kontrolliert die Deformationen und konzentriert die Übertragung von Spannungen in die spröde Oberkruste. Die Vorstellung der spröden, durch Erdbeben markierten Oberkruste und der duktilen, erdbebenfreien Unterkruste (z. B.: Brace und Kohlstedt 1980; Meissner und Strehlau 1982) war am Beginn des Sonderforschungsbereichs 108 weit akzeptiert und bildete die engste Verbindung zwischen Struktur und Spannung in der Kruste. Anfangs wurde die Verteilung der seismischen Geschwindigkeiten in der Lithosphäre mit zwei Zielen untersucht: dem Erkennen der Struktur aus den Geschwindigkeitsheterogenitäten, dann aber auch aus der beobachteten Geschwindigkeitsanisotropie als Hinweis auf Fließen im lithosphärischen Mantel.

Bei der Markierung der Struktur aus den seismischen Geschwindigkeiten hatte sich in den vorangegangenen Dekaden in der seismischen Tiefensondierung eine sehr einfache Methode zur Datenreduktion und zum Vergleich verschiedener Regionen entwickelt. Die volle in den Seismogrammsektionen enthaltene Information wird auf einen Satz von Laufzeitkurven reduziert, den man durch Korrelation seismischer „Phasen" erhält. Diese Korrelation basiert stark auf der Erkennung von Mustern durch einen erfahrenen Seismologen und Kontrolle durch Vergleich mit synthetischen Seismogrammen. Diese Laufzeitkurven werden anschließend in ein- oder quasi-eindimensionale Geschwindigkeitsmodelle v(z) projiziert. Dann werden diese Modelle mit dem subjektiven Hintergrund der verschiedenen Autoren dazu verwendet, sie mit solchen aus anderen Regionen zu vergleichen. Dabei wird angenommen, daß es auf Grund dieser Modelle möglich ist, Unterschiede in geologischen Provinzen oder tektonischen Regimen zu erkennen. Die Grenzen dieser Vorgehensweise sind offensichtlich.

Im Gegensatz zur Kruste, die im Laufe der Zeit allmählich ein komplexes Bild ihrer Struktur offenbarte, galt der kontinentale lithosphärische Mantel für lange Zeit als der Bereich, wo Einfachheit vorherrscht. Geophysiker haben eine lange Tradition, Einfachheit und Robustheit als Kriterium für Wahrheit anzusehen: das einfachste und robusteste ist zugleich das wahre Modell. Diese einfache Vorstellung vom Aufbau des oberen Mantels wurde zum ersten Mal durch Beobachtungen auf seismischen Langprofilen in Westeuropa, die den lithosphärischen Mantel erfaßten, in Frage gestellt. Dabei ergaben sich zwei bemerkenswerte Indikatoren von Struktur und Fließen im kontinentalen lithosphärischen Mantel:

a) ungewöhnlich hohe seismische Geschwindigkeiten waren nicht mit den hohen Werten der Wärmestromdichte in der westeuropäischen Lithosphäre und auch nicht mit einem isotropen Mantel vereinbar,
b) direkte Beobachtung der Anisotropie seismischer Wellen im obersten Mantel in Süddeutschland (Enderle et al. 1997).

Gräben oder Riftsysteme bilden die Narben von gescheiterten oder erfolgreichen Versuchen kontinentalen Auseinanderbrechens. Sie wurden klassisch unterteilt in aktive Rifte, die vom Mantel her durch Diapire angetrieben werden, und in passive Rifte, die hauptsächlich nur im krustalen Spannungsfeld entstehen. Der Rheingraben galt als ein typisches Beispiel für das passive Rifting. Existierende Modelle (z. B. Vening-Meinesz) hatten normalerweise ihre zweidimensionale Ausdehnung senkrecht zur Achse des Rifts. Im Falle des Rheingrabens war bekannt, daß die heutige Kompressionsachse des Spannungstensors schräg zur Grabenachse orientiert ist und sie während der letzten 30 Ma um etwa 35° aus der Grabenachse herausrotiert ist (Illies 1975). Die Rolle eines möglichen Manteldiapirs unter dem Rheingraben war umstritten. Das Ostafrikanische Rift wurde als Beispiel für aktives Rifting unter dem Einfluß eines Manteldiapirs angesehen. Im Bereich des Roten Meeres waren die relativen Einflüsse von Manteldiapir und Krustenspannung zu Beginn der Untersuchungen (Zeyen et al. 1997 b) unklar.

1.3 Hauptergebnisse

Die Untersuchung tertiärer Riftsysteme war eines der Hauptziele des Sonderforschungsbereichs 108, weil hier Spannungsumwandlung beim Auseinanderbrechen der Kontinente direkt in Erscheinung tritt. Eine wichtige Rolle spielt hierbei die Unterkruste, die im Gebiet des Rheingrabens ganz besonders intensiv und multidisziplinär untersucht werden konnte. Die Verteilung tektonischer Spannungen in der Weltkarte bietet direkten Einblick in die Quellen der Spannungen und den Einfluß der Materialparameter.

1.3.1 Riftsysteme

Die Hauptstrategie war der Vergleich einer Anzahl von tertiären Riften mit unterschiedlichen Signaturen mit dem Ziel, die respektiven Rollen von krustalen Spannungen und Krusten-Mantel-Interaktion zu untersuchen. Ausgewählt wurden der Rheingraben mit schwacher Extension und wenig Vulkanismus, das französische Zentralmassiv mit reichlich Magmatismus aus dem Mantel und das ostafrikanische Grabensystem als ein Beispiel eines kontinentweiten Rifts mit dem Potential eines kontinentalen Auseinanderbrechens, reichlich Magmatismus und einer substantiellen Schwereanomalie. Die Schlüsselexperimente in allen drei Regionen waren tomographische und refraktionsseismische Untersuchungen in Kombination mit dem Ergebnis petrologischer Interpretationen von Magmatismus und von Xenolith-Analysen. Dies erlaubte das Erkennen von Temperaturanomalien im Mantel und die Identifikation aktiver Manteldiapire.

Das Auftreten von reichlichem Vulkanismus mit Xenolithen aus Kruste und Mantel war der Anlaß zu einer deutsch-französischen Gemeinschaftsuntersuchung des Grabensystems im französischen Zentralmassiv. Dies ist eine der Regionen, in denen der Sonderforschungsbereich 108 die Ergebnisse von seismischen Refraktions- und Tomographie-Experimenten sowie der petrologischen Analysen integrierte. Abbildung 1.1 zeigt das tomographische Modell der Lithosphäre im französischen Zentralmassiv (Zeyen et al. 1997 b). Eine Zone verminderter Geschwindigkeit ragt unter dem Vulkankomplex bis in die Tiefe der Asthenosphäre in Tiefen von 270 km. Es entstand hieraus ein umfassendes Modell von Krusten-Mantel-Wechselwirkung (Zeyen et al. 1997 a, b; Granet et al. 1995 a, b; Sobolev et al. 1996, 1997).

Die Gräben des Afro-Arabischen Riftsystems wurden seit Beginn des Sonderforschungsbereichs in vielfältiger internationaler Zusammenarbeit untersucht (Altherr 1992; Prodehl et al. 1997). Das seismische Refraktionsexperiment in Jordanien auf der östlichen Flanke der Toten Meer-Transform-Verwerfung (Mechie et al. 1986) vervollständigte frühere deutsch-israelische refraktionsseismische Untersuchungen auf der westlichen Seite (Ginzburg et al. 1979; Perathoner et al. 1981). Die sedimentäre und strukturgeologische Entwicklung des nordwestlichen arabischen Randes des Roten Meeres wurde von Hötzl (1984), Bayer et al. (1988) und Briem (1989) untersucht. Die Verfügbarkeit von Beobachtungsdaten eines refraktionsseismischen Langprofils über den arabischen Schild, das vom USGS vermessen worden war (Mooney et al. 1985), erlaubte eine interdisziplinäre Interpretation des östlichen Randes des Roten Meer-Rifts in der Nähe der Zabargad-Insel, die auf seismischen (Prodehl 1985; Prodehl und Mechie 1991), geologischen und petrologischen Beobachtungen (Voggen-

1.3 Hauptergebnisse

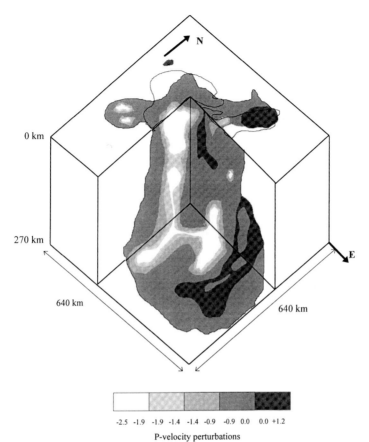

Abbildung 1.1: Zentralmassiv-Tomographie
3D-Blockdarstellung des teleseismischen Tomographiemodells von Granet et al. (1995, schematisiert). Dargestellt ist das gesamte 3D-Modell mit den Perturbationen der Kompressionswellengeschwindigkeiten in einem 640 km mal 640 km breiten und 270 km mächtigen Block, dessen südöstliche Ecke zur Einsicht herausgeschnitten worden ist. Das Zentrum des Blocks entspricht ungefähr dem Mittelpunkt des Zentralmassivs, dessen Kontur an der Oberfläche angedeutet ist. Man erkennt die Tiefenerstreckung der verminderten Geschwindigkeitszone bis in 270 km Tiefe und ihre laterale, enge Begrenzung. Diese Form kann mit einem diapir-ähnlichen Aufstiegskanal asthenosphärischen Materials in Verbindung gebracht werden. Direkt unter den jungen Vulkanfeldern befinden sich im obersten Mantel die größten Verminderungen der P-Wellengeschwindigkeit.

reiter et al. 1988 a, b) basierte. Der axiale Trog des Roten Meeres wurde bezüglich seiner vulkanischen Aktivität auf Spuren eines großen Manteldiapirs untersucht (Altherr et al. 1988, 1990).

Besonders das „Kenya-Rift International Seismic Project" (KRISP) wurde in interdisziplinärer und internationaler Zusammenarbeit in mehreren Teilen ausgeführt (Prodehl et al. 1994, 1997; Mechie et al. 1997; Fuchs et al. 1997b).

Abbildung 1.2 ist der Lageplan für tiefenseismische Experimente in Kenia. Der Sonderforschungsbereich 108 nahm aktiv an den drei Hauptphasen von KRISP teil (KRISP85: Henry et al. 1990; Achauer 1990, 1992; Achauer et al. 1994; KRISP90: Prodehl et al. 1994; KRISP94: Prodehl et al. 1997). In den drei Phasen beteiligte sich das Team des Sonderforschungsbereichs 108 mit refraktionsseismischen und tomographischen Experimenten.

Abbildung 1.3 zeigt die Ergebnisse der teleseismischen Tomographie-Untersuchungen aus der Kampagne KRISP93 zusammen mit seismologisch-petrologischen Modellvorstellungen für die Kruste und den lithosphärischen Mantel im Bereich des Kenia-Rifts und der Chyulu Hills. Die Schnittlinie verläuft von NW kommend durch das Kenia-Rift auf seine Ostschulter. Von Emali im Norden der Chyulu Hills an verläuft das Profil entlang einer Refraktionslinie. CHN und CHS bezeichnen die beiden Schußpunkte von KRISP94 am jeweiligen Rand des Vulkangebietes.

Niedriggeschwindigkeitszonen in der Kruste und im obersten Mantel wurden unter den südlichen Chyulu Hills aufgelöst. Diese werden zusammen mit Ergebnissen aus der Petrologie als kleine Magmenkammern mit partiell aufgeschmolzenem Material interpretiert. In Laven (alkalische Basalte) aus dieser Gegend wurden in Laboruntersuchungen typische Krustenmaterialien gefunden, die auf eine längere Verweildauer in der Kruste schließen lassen. In den nördlichen Chyulu Hills wird eine Kontamination mit krustalem Material nicht festgestellt. Hier sind Mantelgesteine (equilibrierte Xenolithe wie z.B. Harzburgite oder granathaltige Pyroxenite) in relativ kurzer Zeit an die Oberfläche gelangt. Die teleseismischen Resultate zeigen hier keine Geschwindigkeitsanomalien. Unter dem Kenia-Rift wurde mit einer teleseismischen Tomographie eine Geschwindigkeitsanomalie nachgewiesen, die im Gegensatz zu den Chyulu Hills bis in 200 km Tiefe reicht und viel stärkere Geschwindigkeitskontraste aufweist.

1.3.2 Unterkruste

Die Region des Rheingrabens bot dem Sonderforschungsbereich 108 eine fast ideale Möglichkeit, die Rolle der Unterkruste in der kontinentalen Tektonik zu untersuchen. Die seit mehreren Jahrzehnten beobachtete Seismizität gestattete einen direkten Vergleich verschiedener Konzepte der Eigenschaften der Erdkruste. Ober- und Unterkruste werden unterschieden durch ihre stoffliche Zusammensetzung (sauer und basisch), ihre seismischen Geschwindigkeiten (6.0 vs. 6.5 km/s), ihre Reflektivität (transparent vs. hochreflektiv), ihre Festigkeit und rheologischen Eigenschaften (spröd vs. duktil), Auftreten oder Abwesen-

1.3 Hauptergebnisse

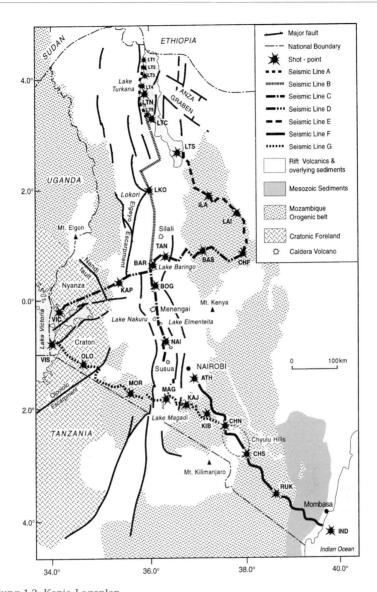

Abbildung 1.2: Kenia-Lageplan
Vereinfachte geologische Karte von Kenia mit den Hauptrandverwerfungen des Kenia-Rifts (KR) und der Verteilung der vulkanischen Gesteine (graue Schattierung) auf den Schultern des Rift. Das Vulkanfeld der Chyulu Hills liegt auf der südöstlichen Schulter. Die Refraktionslinie F verläuft vom Schußpunkt ATH bei Nairobi über die Chyulu Hills (SP CHN und CHS) zum Indischen Ozean (SP IND) nahe Mombasa. Das Inlet stellt Afrika und die Lage des KR dar, das Teil des Ostafrikanischen Riftsystems (EARS) ist (nach: Novak et al. 1997b).

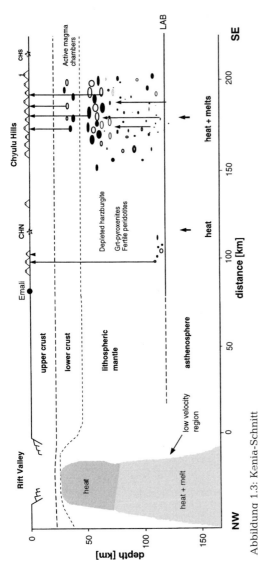

Abbildung 1.3: Kenia-Schnitt

Seismologisch-petrologische Modellvorstellung für die Kruste und den Bereich des Kenia-Rifts und für die Chyulu Hills. Die Schnittlinie verläuft von NW kommend durch das Kenia-Rift auf seine Ostschulter. Von Emali im Norden der Chyulu Hills an verläuft das Profil entlang einer Refraktionslinie. CHN und CHS bezeichnen die beiden Schußpunkte von KRISP94 am jeweiligen Rand des Vulkangebietes.

Die Tomographie-Ergebnisse von KRISP93 haben Niedriggeschwindigkeitszonen in der Kruste und im obersten Mantel unter den südlichen Chyulu Hills aufgelöst. Diese werden zusammen mit Ergebnissen aus der Petrologie als kleine Magmenkammern mit partiell aufgeschmolzenem Material interpretiert. In Laven (alkalische Basalte) aus dieser Gegend wurden in Laboruntersuchungen typische Krustenmaterialien gefunden, die auf eine längere Verweildauer in der Kruste schließen lassen. In den nördlichen Chyulu Hills wird eine Kontamination mit krustalem Material nicht festgestellt. Hier sind Mantelgesteine (equilibrierte Xenolithe wie z. B. Harzburgite oder granathaltige Pyroxenite) in relativ kurzer Zeit an die Oberfläche gelangt. Die teleseismischen Resultate zeigen hier keine Geschwindigkeitsanomalien. Unter dem Kenia-Rift wurde mit einer teleseismischen Tomographie eine Geschwindigkeitsanomalie nachgewiesen, die im Gegensatz zu den Chyulu Hills bis in 200 km Tiefe reicht und viel stärkere Geschwindigkeitskontraste aufweist (Ritter und Kaspar 1997).

1.3 Hauptergebnisse

heit von Erdbeben und schließlich die Verteilung von Spannungen. Die Region des Rheingrabens ist speziell dafür geeignet, verschiedene Eigenschaften des gleichen Objekts mit einer Reihe von verschiedenen Brillen zu betrachten (Mayer et al. 1997). Stehen diese Informationen miteinander im Einklang? Können sie die physikalischen Eigenschaften und die stoffliche Zusammensetzung der Erdkruste enger eingrenzen?

Der Rheingraben hat eine lange Tradition in bezug auf die internationale Zusammenarbeit multidisziplinärer geowissenschaftlicher Forschung. Beispiele sind u. a. das Internationale Programm „Oberer Erdmantel", das „Geodynamik-Projekt" und das Internationale Lithosphären-Programm (Referenzen bei Prodehl et al. 1996; Mayer et al. 1997).

Die Exploration von Kohlenwasserstoffen in der sedimentären Füllung der deutschen und französischen Teile des Grabens gewährten detaillierte Einblicke in seine geologische Entwicklung. Seit den frühen 60er Jahren fanden gemeinschaftliche deutsch-französische refraktionsseismische Untersuchungen des Oberrheingrabens und seiner Flanken statt. Diese führten zu einem groben dreidimensionalen Modell der Kruste und des Mantels. Intensive Überwachung der Seismizität im Gebiet des Oberrheingrabens durch die drei Nachbarländer Deutschland, Frankreich und der Schweiz begann in den frühen 70er Jahren. Das Untersuchungsnetz zur Seismizität wurde im Sonderforschungsbereich 108 besonders im südlichen Teil des Rheingrabens verdichtet. Abbildung 1.4 zeigt die Asymmetrie der Seismizität im südlichen Rheingraben. Im oberen Teil ist zu erkennen, daß sich die Epizentren im östlichen Teil des Grabens und im südlichen Schwarzwald konzentrieren. Im unteren Teil werden die Hypozentren aus dem oben umrahmten, 60 km breiten Streifen in einen Vertikalschnitt projiziert. Die nach Osten wachsende Tiefenlage bis zu 25 km Tiefe sowie ihre Konzentration in der Nähe der östlichen Randverwerfung sind deutlich zu erkennen (Bonjer 1997).

Der Sonderforschungsbereich 108 arbeitete eng mit dem Kontinentalen Tiefbohrprogramm der Bundesrepublik Deutschland (KTB) zusammen. Schon die Vorerkundungsphase von möglichen Bohrlokationen auf der östlichen Flanke des Rheingrabens, dem Schwarzwald und in der Region des Hohenzollerngrabens bot reichlich Gelegenheit zu interdisziplinären Untersuchungen der Evolution der Erdkruste in diesem Bereich. Die Beziehung zwischen Ober- und Unterkruste wurde darüber hinaus in enger Zusammenarbeit mit dem ESF-Projekt „Europäischen Geotraverse" (EGT) und dem DFG-Schwerpunktprogramm „Unterkruste" untersucht. DEKORP und ECORS arbeiteten auf zwei reflexionsseismischen Traversen über den Rheingraben zusammen (Referenzen bei Prodehl et al. 1996; Mayer et al. 1997). Aus der Vorerkundung einer möglichen Bohrlokation im Schwarzwald ergab sich durch das gemeinsame N-S Reflexions-/Refraktionsprofil auf der östlichen Schulter des Rheingrabens eines der wichtigsten Lehrstücke des Sonderforschungsbereichs 108.

Abbildung 1.5 zeigt im oberen Teil die migrierte Zeitsektion des N-S Reflexionsprofils KTB 8401. Im unteren Teil ist, ebenfalls als Zeitsektion, das auf dem gleichen Profil erfaßte refraktionsseismische Modell dargestellt. Zum besseren Vergleich sind die Lage der Ober- (Conrad) und der Unterkante (Moho)

9

1 Synopse Sonderforschungsbereich 108

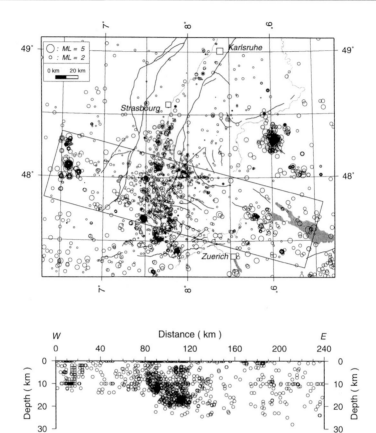

Abbildung 1.4: Seismizität Rheingraben
Asymmetrie der Seismizität im südlichen Rheingraben. Im oberen Teil ist zu erkennen, daß sich die Epizentren im östlichen Teil des Grabens und im südlichen Schwarzwald konzentrieren. Im unteren Teil werden aus dem oben umrahmten, 60 km breiten Streifen die Hypozentren in einen Vertikalschnitt projiziert. Die nach Osten wachsende Tiefenlage bis zu 25 km Tiefe sowie ihre Konzentration in der Nähe der östlichen Randverwerfung sind deutlich zu erkennen (Bonjer 1997).

▶

Abbildung 1.5: Reflexions-/Refraktionsprofil Rheingraben
Migrierte Zeitsektion des N-S-Reflexionsprofils KTB 8401 und das auf dem gleichen Profil abgeleitete refraktionsseismische Profil (Zeitsektion). Die Ober- (Conrad) und Unterkante (Moho) der Hochgeschwindigkeits-Unterkruste (6,6 km/s) fallen in der oberen Reflexionssektion mit der Ober- und Unterkante der reflektiven Unterkruste im Rahmen der Meßgenauigkeit zusammen. Besonders bemerkenswert ist das abrupte Aufhören der Vertikalreflexionen an der refraktionsseismisch bestimmten Moho. Dies ist mehr als die Bestätigung zweier unabhängiger Methoden. Es zeigt eine neu erkannte Eigenschaft der Moho: den Wechsel in der Skaligkeit lithosphärischer Heterogenitäten (nach: Mayer et al. 1997; Enderle et al. 1997).

1.3 Hauptergebnisse

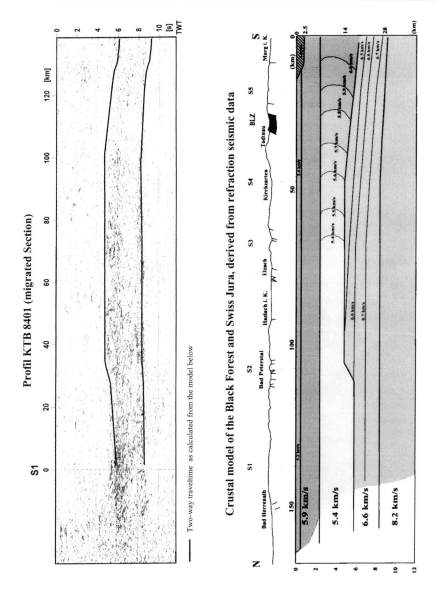

der Hochgeschwindigkeits-Unterkruste (6,6 km/s) in die Reflexionssektion übertragen worden. Es fällt auf, wie gut im Rahmen der Meßgenauigkeit beide mit der oberen resp. unteren Grenze der reflektiven Unterkruste zusammenfallen. Diese Reflexions-/Refraktionssektion im Schwarzwald gehört zu einem der bestdokumentierten Beispiele zum Zusammenfallen von Reflexions- und Refraktions-Moho, wie sie von Mooney und Brocher (1987) weltweit vorgestellt worden sind.

Beim Verknüpfen der Schlüsselergebnisse im Abschnitt 1.4 wird auf zwei Hauptbeobachtungen näher eingegangen, die das klassische Bild von den Eigenschaften der Unterkruste und der Krusten-Mantel-Grenze in neuem Licht erscheinen lassen:

1. die Tiefenlage der Hypozentren im südlichen Rheingraben stellt die einfache Parallelisierung von duktiler und reflektiver Unterkruste in Frage (s. Abschnitt 1.4.1),

2. die Übereinstimmung von Reflexions- und Refraktions-Moho offenbart eine wichtige, bisher übersehene Eigenschaft der Krusten-Mantel-Grenze: den drastischen Wechsel in der strukturellen Skaligkeit (s. Abschnitt 1.4.3).

1.3.3 Weltkarte tektonischer Spannungen

Zu Beginn des Sonderforschungsbereichs 108 gab es regionale Zusammenstellungen von Spannungsorientierungen in den USA (Zoback und Zoback 1980) und in Europa (Ahorner 1970, 1975; Illies 1975; Greiner und Illies 1977). Eine erste Fassung einer Weltspannungskarte wurde durch Richardson et al. (1979) angelegt. Seismisch aktive Regionen ließen aus Herdflächenlösungen von Erdbeben auf die Orientierung tektonischer Spannungen schließen. 1979 wurde die neue Methode der Spannungsrichtungsbestimmung aus der Analyse von Bohrlochrandausbrüchen durch Bell und Gough (1979). entdeckt. Diese gestattete, die Spannungsbestimmungen auch auf die aseismischen Regionen auszudehnen, insbesondere in die von der Erdölindustrie explorierten sedimentären Becken. Der Sonderforschungsbereich 108 hat den Gedanken, existierende Spannungsdaten zu einer Weltspannungskarte zu kombinieren, wiederbelebt und ein entsprechendes Projekt dem ILP vorgeschlagen. Der Sonderfor- ▶

Abbildung 1.6: WSM
Die Weltkarte tektonischer Spannungen entstand in einer Task Group des ILP unter der Leitung von Mary-Lou Zoback (1992). Die Datenbasis wird jetzt durch eine Forschungsgruppe an der Heidelberger Akademie der Wissenschaften weitergeführt und kann dort unter der homepage http://www-gpi.physik.uni-karlsruhe.de/pub/wsm/ eingesehen werden. Die eingetragenen Richtungslinien geben die Richtung der maximalen horizontalen Kompressionsspannung SHmax an. Besonders bemerkenswert ist das Auftreten von Provinzen mit homogener Ausrichtung von SHmax mit Dimensionen von mehreren 1000 km. Ferner fällt ins Auge, daß die meisten Kontinente unter Kompression stehen.

1.3 Hauptergebnisse

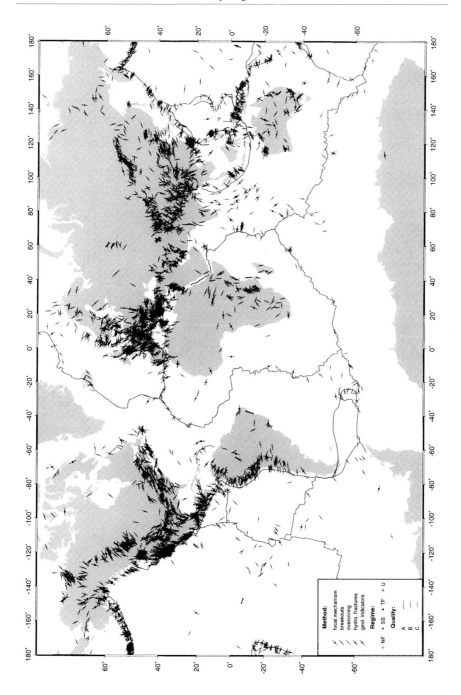

schungsbereich nahm aktiv an der ILP Task Group „World Stress Map" unter der Leitung von Mary-Lou Zoback (Zoback et al. 1989; Zoback 1992) teil und übernahm spezielle Verantwortung, Spannungsdaten in Europa zu akquirieren (Mueller et al. 1992, 1997). Das ILP-Projekt „World Stress Map" (WSM) (Zoback 1992) stellte zum ersten Mal einen weltweiten Überblick über die Verteilung der beobachteten Spannungen auf Kontinenten her (Abbildung 1.6).

Besondere Neuigkeiten waren die Bereiche homogener Richtung der maximalen horizontalen Spannungsrichtung SHmax mit kontinentalen Ausmaßen sowie das bevorzugte Auftreten von Kompressionsregimen auf den meisten Kontinenten. Westeuropa wird durch die Kräfte am Mittelatlantischen Rücken und durch die Kontinent-Kontinent-Kollision von Afrika und Europa komprimiert. Die Kompression wurde im Bereich des Malta-Pantelleria-Grabens (Reuther und Eisbacher 1985; Reuther et al. 1993) und in den Ostalpen untersucht, wo eine GPS-Basislinie für zukünftige geodätische Deformationsuntersuchungen eingerichtet wurde (van Mierlo et al. 1997).

Nördlich der Alpen (Abbildung 1.7) zeigt die westeuropäische Spannungskarte im Gegensatz zu dem östlichen Nordamerika kurzskalige Änderungen zwischen Regimen von Horizontalverschiebungen, Abschiebungen und Überschiebungen innerhalb eines größeren Bereiches von homogener Orientierung der maximalen horizontalen Kompressionsrichtung SHmax. Diese Eigenschaft des Westeuropäischen Spannungsfeldes hängt eng mit den Eigenschaften einer Kruste zusammen, die vom Erdmantel durch eine Unterkruste mit erhöhten Temperaturen und daher verminderter Viskosität fast vollständig entkoppelt ist. Diese Entkopplung erlaubt Relativbewegungen zwischen Kruste und Mantel, entweder als Ausgleichsbewegungen von kleinen Schollen oder in der Subduktion an der alpinen Kontinent-Kontinent-Kollision. Im Gegensatz zu dieser kurzskaligen Änderung des Spannungsregimes wird im östlichen Nordamerika ein Großbereich mit allmählichem Übergang von dominierender Überschiebung im Osten zu Horizontalverschiebungen weiter westlich beobachtet. Die Ursache für dieses unterschiedliche Verhalten ist nicht so sehr der leichte Unterschied in den Randkräften, sondern sie muß in den unterschiedlichen örtlichen Eigenschaften der Lithosphäre gesucht werden. Die Lithosphäre in Nordamerika ist kalt und mächtig, während sie in Westeuropa dünn und warm ist. Daher ist im östlichen Nordamerika die Kruste an den Mantel gekoppelt. Hier kann die Lithosphäre sich nur als eine mächtige Einheit bewegen und ändert ihre Spannungsregime nur weiträumig.

Die Bestimmung der Orientierung und der Magnituden tektonischer Spannungen während des KTB-Projektes, in Zusammenarbeit mit der Stanford University (M.D. Zoback) und der Ruhr-Universität Bochum (H.-P. Harjes, F. Rummel), gewährte neue Einblicke in die Spannungsverteilung in der kristallinen Kruste bis in Tiefen von 9 km. Es wurde eine integrierte Spannungsmeß-Strategie (ISMS) entwickelt, um die Orientierung und die Magnitude des Spannungstensors aus der Analyse der Bohrlochrandausbrüche (akustischer Televiewer (BHTV) und Formation Microscanner (FMS)) sowie durch Hydrofrac-Experimente zu bestimmen. Die Erdkruste an der KTB-Bohrung befindet sich in einem stationären Reibungsgleichgewicht eines Strike-Slip-Regimes (Zoback et

1.3 Hauptergebnisse

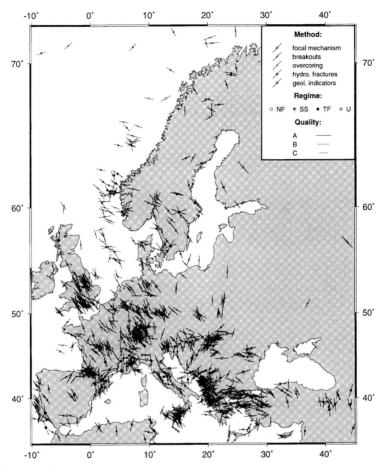

Abbildung 1.7: Europäische WSM
In dem europäischen Teil der Weltspannungskarte dominiert in Westeuropa von den Alpen bis zu den britischen Inseln die Richtung NW-SE für die maximale horizontale Spannung SHmax. Skandinavien und der südwesteuropäische Raum bilden gesonderte Spannungsprovinzen (nach: Mueller et al. 1997).

al. 1993; Brudy 1995; Brudy et al. 1996; Zoback und Harjes 1996). In Zusammenarbeit zwischen dem Sonderforschungsbereich 108, dem GeoForschungsZentrum Potsdam und der Stanford University konnten die ersten erfolgreichen Bestimmungen der Spannungsorientierungen in zwei existierenden Tiefbohrungen in Rußland vorgenommen werden (Huber et al. 1997).

Weiterhin ist zu bemerken, daß die Ausrichtung des Spannungstensors praktisch nicht vom Rheingraben beeinflußt wird (Plenefisch und Bonjer 1997). Dies steht im starken Gegensatz zur fast $90°$-Rotation des Spannungsfeldes im

15

ostafrikanischen Gregory-Rift (Bosworth und Strecker 1997). Die Stetigkeit des Spannungsfeldes im Gebiet des Rheingrabens (s. Abbildung 1.7) ist ein weiterer wichtiger Hinweis auf die Abwesenheit eines Manteldiapirs unter diesem Rift.

1.4 Verknüpfung der Schlüsselergebnisse

Wissenschaft ist die Kunst, Strukturen in verschiedenen Beobachtungsdaten zu finden, sie miteinander zu verknüpfen und damit Rückschlüsse auf die sie erzeugenden Prozesse zu ziehen. Die Entwicklung von Spannung und Spannungsabbau in der Lithosphäre ist ein komplexes Phänomen von Wechselwirkungen zwischen verschiedenen Prozessen wie z. b. Plattenrandkräften, Spannungsübertragung und Konzentration, Bruchvorgängen in der spröden Kruste, Kopplung oder Entkopplung durch Kriechvorgänge in der Unterkruste, Wärmestrom, Transport von Magmen und Fluiden, Krusten-Mantel-Wechselwirkung, Detachment, Subduktion in Kontinent-Kontinent-Kollision usw. Die Spuren dieser Prozesse spiegeln sich in verschiedenen Beobachtungen wider, die meist in mehreren Disziplinen der Geowissenschaften gemacht werden. Die Entzifferung der Wechselwirkung zwischen den verschiedenen Prozessen verlangt nicht nur Untersuchungen an der Front der Forschung jeder einzelnen Disziplin, sondern auch die Verknüpfung zwischen den Ergebnissen der verschiedenen Disziplinen.

In diesem Abschnitt werden Hauptbeobachtungsergebnisse verschiedener im Sonderforschungsbereich 108 vertretener Disziplinen miteinander verbunden. Dies wird an folgenden Themengruppen erläutert:

- Stile des Riftings in verschiedenen kontinentalen Szenarios,

- Zusammenhang zwischen stofflicher Zusammensetzung, seismischen Geschwindigkeiten, Temperatur und Druck durch petrophysikalisches Modellieren, auch als Unterscheidungsmöglichkeit für das Auftreten aktiver Manteldiapire (Plumes),

- Wechsel in der strukturellen Skaligkeit der Lithosphäre in ihren verschiedenen Stockwerken,

- lithosphärische Eigenschaften und tektonische Spannungsregime auf Kontinenten.

Schließlich machen wir aufmerksam auf:

- Zusammenhänge zwischen dem Wechsel in der strukturellen Skaligkeit und den sie erzeugenden Prozessen im lithosphärischen Mantel.

1.4 Verknüpfung der Schlüsselergebnisse

1.4.1 Stile kontinentalen Riftings

Ein neues Verständnis der Einflußgrößen kontinentalen Riftings entstand während der Untersuchungen des westeuropäischen Riftsystems (Limagne-Graben, französisches Zentralmassiv und Rheingraben), der kontinentalen Transform Fault des Toten Meer-Rifts, des passiven Kontinentalrandes des Roten Meeres und des ostafrikanischen Grabensystems in Kenia. Neben der Festigkeit der Kruste und der Lithosphäre, die von der Temperaturverteilung und der Mächtigkeit beherrscht wird, spielt der Antrieb durch einen größeren Mantelplume eine entscheidende Rolle (Abbildung 1.8). Die Tiefe der Solidus-Temperatur, die direkt mit der Mächtigkeit der Lithosphäre verknüpft ist, beherrscht das zukünftige Schicksal eines Mantelplumes durch das Entstehen basaltischer Schmelzen und Verarmung des Diapirs. Im Falle einer sehr mächtigen Lithosphäre kann die fluide Phase dem verarmten Diapir weit vorauseilen.

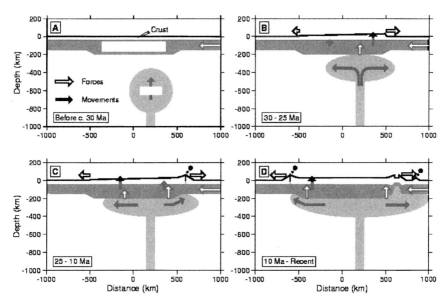

Abbildung 1.8: Generalis. Kenia Rifting (Zeyen)
Skizze zur Riftentwicklung in Afrika. A: Der Plume steigt dezentriert unter dem Tanzania-Kraton auf. Die Spannungen in der Lithosphäre sind überwiegend kompressiv. B: Wenn der Plume die Lithosphäre erreicht, beginnen der östliche Teil des Tanzania-Kratons und die ihn umgebenden Gebiete mit dem Aufstieg. Die kompressiven Fernfeldspannungen werden durch Topographie und durch Biegen von Extensionsspannungen überlagert. C: Der Plume, der sich weiter hauptsächlich unter dem Kraton ausbreitet, erreicht die dünnere Lithosphäre des Panafrikanischen Bereichs. Extensionsspannungen nehmen zu, Vulkanismus und anschließendes Rifting beginnen. D: Der Plume dehnt sich weiter nach beiden Seiten aus. Er hat den westlichen Teil des Kratons erreicht und treibt Extension in das Gebiet des westlichen Rifts. Östlich des Kratons reift das Rift, und neue vulkanische Zentren entwickeln sich östlich des Rifts (Zeyen et al. 1997b).

Solche Regionen können durch tomographische Experimente mit mobilen Stationen als Zonen mit superadiabatischen Gradienten erkannt werden. Eine integrierte multidisziplinäre Studie entstand im französischen Zentralmassiv und im ostafrikanischen Gregory-Rift. Ein ganzes Muster von Einflußparametern wurde abgeleitet. Dieses Muster wechselt von Rift zu Rift (Zeyen et al. 1997b; Novak et al. 1997a, b; Prodehl et al. 1997; Sobolev et al. 1997; Volker et al. 1997; Mayer et al. 1997).

Der Rheingraben ist Teil des natürlichen Megaexperiments von Spannung und Verformung in der westeuropäischen Kruste auf verschiedenen Skalen in Raum und Zeit: postorogener Kollaps des variskischen Gebirgssystems mit Extensionstektonik, alpine Kollision, Grabenbildung und kurzskalige Seismizität. Die folgenden Beobachtungen verdienen besondere Aufmerksamkeit. Zunächst, die Reflektivität der Unterkruste markiert nicht notwendigerweise das heutige duktile Regime der Unterkruste. Erdbeben-Hypozentren erreichen fast die Krusten-Mantel-Grenze. Dies gilt besonders für das südliche Ende des Rheingrabens. Hier ist mit einer ganzen Serie von Experimenten versucht worden, den Zusammenhang zwischen tiefen Krustenbeben (Bonjer 1997) und Reflektivität der Unterkruste aufzuklären. Laboruntersuchungen galten dem Einfluß von Fluiden auf die Bruchfestigkeit von kristallinen Gesteinen unter Krustenbedingungen (Holl et al. 1997). Es wird vermutet, daß die tiefe Krustenseismizität mit ihrer zu Schwarzwald und Vogesen asymmetrischen Lage direkt in Beziehung zur Subduktion des Mantels und seiner Ablösung von der Oberkruste im nördlichen Voralpenland steht. Das hochreflektive schmale Band (Mächtigkeit <3 km) zwischen den tiefsten Hypozentren in etwa 20 km Tiefe und der Moho (Mayer et al. 1997) kann als Ausdruck rezenter Bildung von reflektiver Unterkruste im Prozeß des Riftings angesehen werden.

1.4.2 Petrophysikalische Modellierung

Französisches Zentralmassiv

Die Integration von petrologischen und physikalischen Daten wurde durch den Sonderforschungsbereich 108 an einer Reihe von Lokationen durchgeführt. Ein neu entwickeltes Inversionsverfahren erlaubt die gegenseitige Kontrolle von multidisziplinären Beobachtungsdaten und die Verbesserung von Modellparametern durch Anpassung an Vorhersagen (Mechie et al. 1994; Sobolev et al. 1996, 1997).

Dies geschieht durch die Abschätzung von Geothermen und der stofflichen Zusammensetzung, wie sie aus der Analyse von Xenolithen folgen, in Kombination mit der Variation seismischer Geschwindigkeiten aus Tomographie-Experimenten für den lithosphärischen Mantel und P- und S-Wellengeschwindigkeiten aus refraktionsseismischen Experimenten kombiniert mit Wärmestromdichte-, Schwere- und Topographiedaten. Hierdurch können Wechselwirkungen zwischen Kruste und Mantel erkannt werden (Sobolev et al. 1996, 1997). Die jetzige Interpretation (Abbildung 1.9) legt die Existenz eines Mantel-

1.4 Verknüpfung der Schlüsselergebnisse

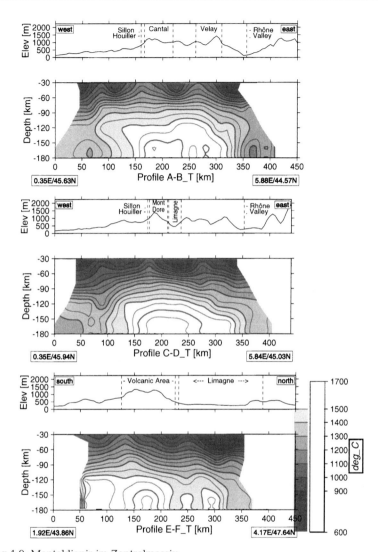

Abbildung 1.9: Manteldiapir im Zentralmassiv
Drei Temperaturschnitte durch die Lithosphäre des Zentralmassivs. Oben und Mitte: Ost-West; unten: N-S-Schnitt. Die Schnitte basieren auf der P-Wellen-Tomographie aus Abbildung 1.1. Es ist bemerkenswert, daß die Anomalie erhöhter Temperatur die gesamte Asthenosphäre engräumig erfaßt. Die Isothermen erheben sich aber auch deutlich in die subkrustale Lithosphäre. Sie erreichen ihre höchsten Erhebungen unter den vulkanischen Zentren von Cantal, Velay und Mont Dore (nach: Sobolev et al. 1996).

diapirs unter dem zentralen und südlichen Teil des Zentralmassivs mit potentiellen Temperaturen nahe, die 150 bis 200 °C über den durchschnittlichen potentiellen Temperaturen des oberen Erdmantels liegen. Die Struktur der Lithosphären-Asthenosphären-Grenze gibt Hinweise für eine mögliche Verdünnung des lithosphärischen Mantels unter dem Vulkanfeld parallel zur Richtung minimaler horizontaler Kompression der Erdkruste.

Chyulu Hills

Das Kenia-Rift ist die andere Region gezielter integrierter Feldexperimente von Refraktionsseismik (Mechie et al. 1997; Novak et al. 1997 a, b) und teleseismischer Tomographie (Achauer 1990, 1992; Ritter und Kaspar 1997). Abbildung 1.10 zeigt ein dreidimensionales Bild des Riftsystems in Kenia.

Hinzu kamen integrierte petrologische (Volker et al. 1997) und geologische Untersuchungen (Bosworth und Strecker 1997; Strecker et al. 1997). – Die Chyulu Hills sind ein holozänes (1.4 Ma) Vulkanfeld, das 150 km im Osten des Kenia-Rifts nördlich des Kilimandscharo liegt. Sie gehören zu den wenigen Lokalitäten auf der Erde, für die detaillierte geochemische (Vulkangestein), thermobarometrische (Xenolithe), seismische und gravimetrische Daten vorliegen (Novak et al. 1997b). Die Ergebnisse von Weitwinkel-Refraktions- und -Reflexionsseismik zeigen zusammen mit denen teleseismischer Tomographie hier örtliche Zonen reduzierter Wellengeschwindigkeiten in der Unterkruste und dem oberen Erdmantel (Abbildung 1.11).

Weit verbreitete granathaltige pyroxenitische und lherzolitische Mantelxenolithe sind meist gut equilibriert und legen eine scheinbare Lithosphären-Mächtigkeit von etwa 105 km nahe (Abbildung 1.12).

Lithosphärischer Mantel

Anisotropie wurde in die Modelle des lithosphärischen Mantels in Westeuropa aus zwei Gründen eingeführt: einerseits ergaben direkte Beobachtungen auf einem sehr dichten Netz seismischer Refraktionsprofile in Süddeutschland eine azimuthabhängige P-Wellengeschwindigkeit im alleraobersten Mantel; andererseits wurde der Energietransport der Ersteinsätze auf seismischen Langprofilen in Westeuropa, der bis in Entfernungen von 1000 bis 2000 km mit Geschwindigkeiten um 8.0 km/s erfolgt, mit einer groben Folge von Schichten erhöhter und verminderter Geschwindigkeit modelliert (sog. Zickzack-Verteilungen), wobei sich die hohen Geschwindigkeiten von Schicht zu Schicht systematisch mit der Tiefe erhöhten. In einem isotropen Mantel mit einer Standardzusammensetzung des Mantels und dem hohen westeuropäischen Wärmefluß müßten aber die P-Wellengeschwindigkeiten unterhalb der Moho bis in eine Tiefe von etwa 90 km eine Zone verminderter Geschwindigkeit aufweisen. Der einzige Weg aus diesem Dilemma war die Einführung einer weitverbreiteten Anisotropie in dem obersten lithosphärischen Mantel in Westeuropa (Enderle et al. 1997).

Die Entdeckung des P_n-Wellenleiters auf den russischen seismischen PNE-Profilen (Ryberg et al. 1995) und das wahrscheinlich weltweite Auftreten

1.4 Verknüpfung der Schlüsselergebnisse

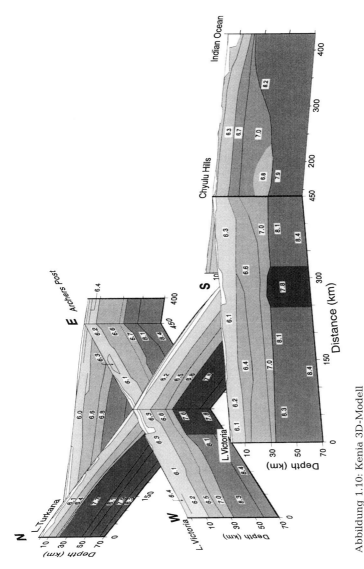

Abbildung 1.10: Kenia 3D-Modell
Blockdiagramm der refraktionsseismischen Tiefenschnitte. Hervorzuheben sind: a) auf dem N-S-Schnitt durch den eigentlichen Kenia-Graben fällt die Existenz des Riftkissens mit Geschwindigkeiten zwischen 7,5 bis 7,7 km/s sowie seine Verdickung nach Norden zum Turkana-See auf. b) Der W-E-Schnitt vom Viktoria-See zum Archers Post zeigt, daß das Kissen verminderter Geschwindigkeit auf den eigentlichen Graben beschränkt ist. c) Der südliche W-E-Schnitt vom Viktoria-See zum Indischen Ozean zeigt ebenfalls die Verengung der Mantel-Intrusion, ferner die anomale Unterkruste im Gebiet der Chyulu Hills sowie den Kontinent-Ozean-Übergang im Osten (Novak et al. 1997).

1 Synopse Sonderforschungsbereich 108

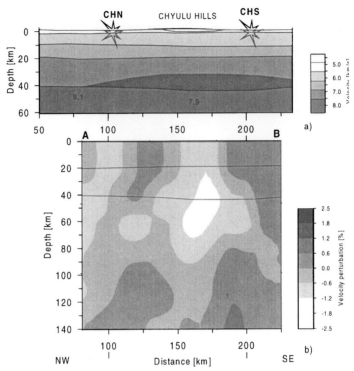

Abbildung 1.11: Chyulu Hills-Tomographie
Refraktionsmodell und Tomographie Chyulu Hills. a) Refraktionsmodell längs Linie F verglichen im gleichen Maßstab mit b) Vertikalschnitt durch das Modell aus der teleseismischen Tomographie. Dargestellt sind Perturbationen der P-Wellengeschwindigkeit in prozentualen Abweichungen vom Startmodell (nach: Novak et al. 1997b).

dieses Leiters legte eine andere Möglichkeit nahe, hochfrequente seismische Energie sich bis in Entfernungen von einigen tausend Kilometern mit den niedrigen Geschwindigkeiten von 8.0 bis 8.1 km/s in einem Wellenleiter mit zufällig verteilten Geschwindigkeitsfluktuationen ausbreiten zu lassen. Die Einführung von Hochgeschwindigkeitsschichten mit Mächtigkeiten von 10 bis 20 km in den Zickzackverteilungen wurde überflüssig. Daher verschwand auch die Notwendigkeit, diese Schichten als anisotrop zu interpretieren. Hohe P_n-Geschwindigkeiten, wie sie in Süddeutschland beobachtet werden, sind in Westeuropa mehr die Ausnahme als typisch für den kontinentalen lithosphärischen Mantel (Enderle et al. 1997). Ihre Ursache ist nach wie vor ein Rätsel, das allerdings mit ausgezeichneten Beobachtungen belegt ist.

1.4 Verknüpfung der Schlüsselergebnisse

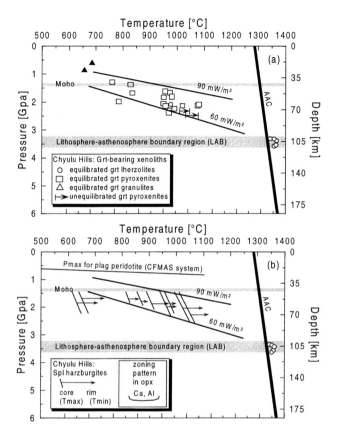

Abbildung 1.12: Geotherme aus Xenolithen (Chyulu Hills)
Druck-Temperatur-Daten (P-T) aus Xenolithen aus dem nordwestlichen Teil des Chyulu Hills Vulkanfeld. a) P-T-Schätzungen aus Granat-Pyroxeniten, Lherzoliten und Granuliten durch eine graphisch beste Anpassung durch Kombination des Zwei-Pyroxen-Thermometers und des Al-in-Orthopyroxen-Barometers von Brey und Köhler (1990). Außer zwei Granat-Pyroxeniten, die eine geringere stoffliche Zonierung in Pyroxen-Körnern aufweisen, sind alle anderen Proben gut equilibriert und ergeben P-T-Schätzungen in der Nähe einer 70 mW/m² stationären Modell-Geotherme (Chapman 1986). – b) Für granatfreie Harzburgite ist für jeden Xenolith ein Druckbereich angegeben. Schranken für minimale Druckgrenzen ergeben sich durch die Abwesenheit von Plagioklas in Peridotit-Systemen (Gasparik 1987) und sind im allgemeinen kleiner als der Druck an der Moho (~1,3 GPa). Diese liegt in einer Tiefe von 40 bis 44 km nach dem refraktionsseismischen Modell (Novak et al. 1997a). Maximale Drucke für Harzburgite ergaben sich aus dem Spinell-Beitrag aus der Formel nach Webb und Wood (1986). In beiden Diagrammen ist die scheinbare Lage der Lithosphären-Asthenosphären-Grenze (LAB) nach thermobarometrischen Daten (Henjes-Kunst und Altherr 1992; Garasic und Altherr, unveröff. Ergebnisse) gezeigt. AAC bezieht sich auf die adiabatische Aufsteigekurve für asthenosphärisches Mantelmaterial normaler Temperatur bei Abwesenheit eines merklichen Schmelzanteils (potentielle Oberflächentemperatur $T_p = 1280\,°C$) aus McKenzie und Bickle (1989) (nach: Novak et al. 1997b).

1.4.3 Die Moho-Wechsel in der Skaligkeit lithosphärischer Heterogenitäten

Die Krusten-Mantel-Grenze war vor allem als eine Diskontinuität in den seismischen Geschwindigkeiten relativ klar verstanden (s. Abschnitt 1.3.2). Sie wurde sowohl in Weitwinkel-Refraktionsexperimenten als auch in Beobachtungen von Steilwinkelreflexionen beobachtet. Das Zusammenfallen der Lage der Moho bei zwei unabhängigen tiefenseismischen Methoden (s. Abbildung 1.5) wurde als gegenseitige Bestätigung des Moho-Konzepts als einer Geschwindigkeitsdiskontinuität gewertet. Die plötzliche Geschwindigkeitszunahme wurde ihrerseits als ein Wechsel in der stofflichen Zusammensetzung und auch als eine sprungartige Zunahme der Festigkeit an dieser Grenze gedeutet (Enderle et al. 1997; Mayer et al. 1997).

Nach 1990 wurden die seismischen Beobachtungen aus der ehemaligen UdSSR verfügbar, die auf superlangen Profilen bis zu 3000 km Beobachtungsdistanz unter Verwendung von Peaceful Nuclear Explosions (PNE) durchgeführt worden waren. Sie wurden in Zusammenarbeit zwischen dem Sonderforschungsbereich 108, GFZ/Potsdam und GEON/Moskau (Mechie et al. 1993; Enderle et al. 1997) neu interpretiert.

Jüngste Fortschritte bei seismischen Tiefensondierungen der kontinentalen Lithosphäre gestatten im Streufeld die Identifizierung von Heterogenitäten mit verschiedener Skaligkeit in der kontinentalen Lithosphäre. Enderle et al. (1997) führen wichtige Gründe dafür an, daß die Moho als Krusten-Mantel-Grenze (s. Abbildung 1.5) nicht nur als Sprung in den seismischen Geschwindigkeiten verstanden werden muß, sondern vielmehr als ein plötzlicher Wechsel in der strukturellen Skaligkeit lithosphärischer Heterogenitäten (Abbildung 1.13). Dieser Wechsel übertrifft den der Geschwindigkeiten etwa um den Faktor 25.

Der Wechsel manifestiert sich in einer Reihe von gut bekannten kontinentweiten Beobachtungen, die zwar schon lange vorher bemerkt worden waren, deren Verknüpfung aber nicht erkannt wurde:

1. das abrupte Ende der Vertikalreflexionen an der Moho,
2. die starken kritischen Reflexionen P_MP von der Moho mit ihren charakteristischen Nachschwingungen und
3. die Entdeckung der hochfrequenten teleseismischen P_n-Phase (Ryberg et al. 1995).

Die Modellierung des Erscheinungsbildes der P_MP mit großen, fast konstanten Amplituden ihrer Nachschwingungen über 3 bis 4 Zyklen verlangt die Einführung einer Wechsellagerung von Krusten- und Mantelschichten als Krusten-Mantel-Gemisch. Die auffallende Hochfrequenz-Coda der teleseismischen P_n-Phase kann durch ihre Ausbreitung durch zufallsverteilte Geschwindigkeitsfluktuationen in den oberen 60 km des lithosphärischen Mantels auf Kontinenten erklärt werden.

1.4 Verknüpfung der Schlüsselergebnisse

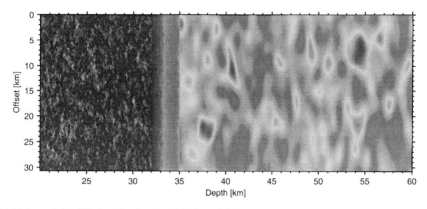

Abbildung 1.13: Wechsel in der Skaligkeit an Moho
An der Krusten-Mantel-Grenze ist ein dramatischer Wechsel in der Skaligkeit lithosphärischer Heterogenitäten verantwortlich für zwei wichtige Beobachtungen: a) das abrupte Verschwinden der in der Unterkruste beobachteten Reflektivität fällt zusammen mit der refraktionsseismisch beobachteten Zunahme in der P-Wellengeschwindigkeit; b) der in vertikalem Einfall für P-Wellen um die 10 Hz transparente lithosphärische Mantel transportiert diese Frequenzen in einem fluktuierenden Wellenleiter bis in Entfernungen von mehr als 3000 km. Diese Eigenschaft des Krusten-Mantel-Übergangs scheint ein kontinentweites Phänomen zu sein (vgl. Abbildung 12.1; Enderle et al. 1997).

1.4.4 Entkopplung Kruste/Mantel und das tektonische Spannungsfeld auf Kontinenten

Die Entkopplung von Kruste und Mantel unter Westeuropa wurde dynamisch modelliert (Abbildung 1.14). Falls der Mantel sich relativ zu der spröden Kruste mit Geschwindigkeiten um 0,2 bis 0,5 cm/a bewegt, entwickelt sich in der Unterkruste eine schwache (ca. 5 MPa) horizontale Scherspannung, die innerhalb der warmen, duktilen Unterkruste konstant ist. Dies macht die Schollentektonik der Oberkruste praktisch unabhängig von der Mantelbewegung. Dieses Modell einer entkoppelten Bewegung zwischen Kruste und Mantel ist gekennzeichnet vom Auftreten einer etwa 3 km mächtigen Zone hoher Deformationsraten an der unteren Grenze der Unterkruste, direkt oberhalb der Moho (Mueller et al. 1997).

Möglicherweise bildet sie sich in der schmalen Übergangszone von hohen Deformationsraten, wie sie sich auf der Oberkante des sich ablösenden und subduzierenden lithosphärischen Mantels ausbilden (Mueller et al. 1997). Dies ist wahrscheinlich eines der Gebiete in Westeuropa, wo sich die rezente, entkoppelte Bewegung des Mantels von der spröden Kruste durch gemeinsame Beobachtung von krustaler Feinstruktur und Erdbebenhypozentren bemerkbar macht.

Die speziellen Reflexionsmessungen im Bereich des südlichen Schwarzwaldes in der Nähe der Ostrandverwerfung des Oberrheingrabens ergaben, daß die reflektive Unterkruste direkt oberhalb der Krusten-Mantel-Grenze ein

1 Synopse Sonderforschungsbereich 108

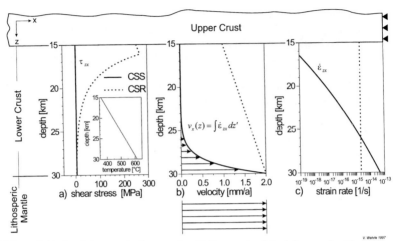

Abbildung 1.14: Strainkonzentration an der Ablösung des Mantels von der Kruste
Entkopplung zwischen Kruste und Mantel durch die niederviskose Unterkruste. Der lithosphärische Mantel bewegt sich mit konstanter Geschwindigkeit (s. Mitte; hier 2 cm/a) relativ zur blockierten Oberkruste. Die Geschwindigkeitszunahme konzentriert sich auf ein nur 3 km schmales Band. In der gesamten Unterkruste tritt eine schwache, konstante horizontale Scherspannung auf (s. links; hier wenige MPa). Auch die Strainrate nimmt in diesem Band über drei Zehnerpotenzen zu (s. rechts; Strainrate in logarithmischer Darstellung). Das schmale Band mit zunehmender Geschwindigkeit und Strainrate entspricht in seiner Mächtigkeit dem Band erhöhter Reflektivität am Südende des Schwarzwaldes (s. Abbildung 12.1). Es wird vorgeschlagen, daß in diesem Band die Heterogenitäten an die Unterkante der Unterkruste angelagert werden (nach: Mueller et al. 1997).

etwa 5 km mächtiges Band erhöhter Reflektivität aufweist (Mayer et al. 1997). Die hier lokalisierten tiefen krustalen Hypozentren erreichen dieses reflektive Band (Bonjer 1997). In dieser Zone hoher Deformationsrate könnte der heutige oder vergangene Generator der Heterogenitäten an der Krusten-Mantel-Grenze zu suchen sein. Diese Heterogenitäten wurden aus dem konsistenten Auftreten der starken P_MP-Reflexion abgeleitet und als Krusten-Mantel-Mischung interpretiert (siehe Abschnitt 1.4.5 und Enderle et al. 1997; Mayer et al. 1997).

1.4.5 Prozesse an der Krusten-Mantel-Grenze

Der Wechsel der Skaligkeit (s. Abbildung 1.13) lithosphärischer Heterogenitäten an der Moho wird am deutlichsten durch die Eigenschaften der beiden seismischen Phasen P_MP und die hochfrequente P_n markiert. Beide Phasen treten als kontinentweites Phänomen auf. Enderle et al. (1997) schlagen versuchsweise den strukturellen Skaligkeitswechsel als seismisches Abbild von gegenwärtigen oder vergangenen Prozessen zwischen Kruste und Mantel vor. Sie weisen darauf hin, daß dieser Wechsel in der Skaligkeit der Heterogenitäten unter fast allen physikalischen und chemischen Bedingungen stattfindet und möglicherweise ein weltweites Phänomen ist. Seismische Wellenausbreitung als hochfrequente P_n- und S_n-Phase bis in teleseismische Entfernungen ist unter Seismologen seit vielen Jahren bekannt. Eine weltweite Untersuchung der S_n-Ausbreitung zeigte, daß diese Phasen sich über kontinentale und ozeanische Platten ungehindert ausbreiten und nur von mittelozeanischen Rücken und von Subduktionszonen angehalten werden. Die Beobachtung und Analyse der P_n-Phasen auf den PNE-Profilen in Rußland zeigt zum ersten Mal, daß die Ausbreitung in einem fluktuierenden Wellenleiter in dem obersten lithosphärischen Mantel stattfindet. In Abbildung 1.15 sind zur Weltkarte der S_n-Ausbreitung die Beobachtung der P_n-Ausbreitung auf den PNE-Profilen in Rußland auch die auf den Early Rise-Profilen und den Langprofilen in Westeuropa eingetragen (Enderle et al. 1997).

Es wird nahegelegt, daß auch in der ozeanischen Lithosphäre im obersten Mantel ein Wellenleiter für die hochfrequente S_n/P_n-Ausbreitung verantwortlich ist.

1.5 Krusten-Mantel-Wechselwirkung

Der Wechsel in der Skaligkeit weist auf einen Prozeß differentieller Horizontalbewegungen oder Entkopplung von Kruste und Mantel in der Unterkruste in der Nähe der Moho hin. Während dieser Wechsel in der Skaligkeit an der Moho in Westeuropa und an kontinentalen Transform-Verwerfungen wahrscheinlich durch einen anhaltenden Ablösungsprozeß erzeugt wird, könnte die P_MP- und P_n-Phase im östlichen Nordamerika und in den russischen Kratonen das Abbild einer eingefrorenen Struktur vergangener Prozesse sein.

Relativbewegungen zwischen dem lithosphärischen Mantel und der spröden Oberkruste bei warmer Unterkruste sind zwei Endglieder von Wechselwirkungsmodellen. Bei kleinen Geschwindigkeitsdifferenzen (<0,5 cm/a), wie in Westeuropa, entkoppelt die Unterkruste beide Stockwerke mit kleinen konstanten horizontalen Scherspannungen; hier ist die Oberkrustentektonik von der Bewegung des oberen lithosphärischen Mantels entkoppelt (schwache Kopplung bzw. Entkopplung). An der Basis der Unterkruste nimmt die Strainrate in einer dünnen Übergangszone stark zu. Falls aber die differentielle Geschwindigkeit die Größenordnung von einigen cm/a erreicht wie an der San Andreas Transform-Verwerfung, dann erhöhen sich die von der relativen Bewegung induzierten Strainraten merklich, und die Übergangszone nimmt die gesamte Unterkruste ein: jetzt ist die Bewegung des Mantels stark an die spröde obere Kruste angekoppelt. Der Mantel beschleunigt oder bremst die Bewegung der Kruste; im dynamischen Gleichgewicht rotiert der Spannungstensor normal zur relativen Plattenbewegungsrichtung (Lachenbruch und Sass 1973; Zoback 1991).

Ablösung der Oberkruste vom Mantel tritt auf Kontinenten am deutlichsten in zwei typischen Gebieten auf: einerseits an kontinentalen Transform-Verwerfungen in der Nähe des Randes zwischen ozeanischer und kontinentaler Lithosphäre, die sich mit unterschiedlicher Relativgeschwindigkeit parallel zu ihrer Grenze bewegen, andererseits an Kontinent-Kontinent-Kollisionszonen, wo kontinentaler Mantel abgelöst und subduziert wird (Enderle et al. 1997).

1.5.1 Kontinentale Transform-Verwerfungen

Am nördlichen Ende des afro-arabischen Riftsystems untersuchte der Sonderforschungsbereich 108 die kontinentale Transform-Verwerfung des Toten Meer-Aqaba-Rifts (DSAR) mit einem tiefenseismischen Experiment in Jordanien (Mechie et al. 1986; Mechie und El-Isa 1988). Dies bestätigte frühere Voraussagen aus DSS-Experimenten in Israel (Ginzburg et al. 1979; Perathoner et al. 1981), daß das DSAR dort liegt, wo die dünne Krustenverbindung zwischen dem Mittelmeer und der DSAR auf die mächtige Kruste des arabischen Kratons mit relativ reduzierter Festigkeit trifft (Vink et al. 1984; Steckler und ten Brink 1986). Eine bessere Erklärung ergibt sich wahrscheinlich, wenn die dynamische Situation mitberücksichtigt wird: in einem schmalen Korridor werden horizontale Scherspannungen unterhalb der DSAR im Gleichgewicht gehalten, ähnlich dem Postulat von Lachenbruch und Sass (1973) und Zoback (1991) für die San Andreas-Verwerfung in Kalifornien.

Diese bildet das beste Beispiel für den Ablösungsprozeß an einer kontinentalen Transform-Verwerfung. Andere Beispiele sind die nordanatolische Verwerfung und die kontinentale Transform-Verwerfung in Neuseeland. In all diesen Fällen ist dünne ozeanische Kruste hoher Festigkeit von mächtiger kontinentaler Kruste herabgesetzter Festigkeit benachbart, die sich in relativer horizontaler Bewegung zueinander befinden. Die Entwicklung der Transform-Verwerfung ist eine Folge dieser relativen Bewegung.

▶

Abbildung 1.15: Karte zur weltweiten Ausbreitung von P_n/S_n-Phasen
Karte der weltweiten Ausbreitung der P_n- und S_n-Phasen nach Molnar und Oliver (1969) ergänzt um die Ausbreitung innerhalb des PNE-Profilnetzes in der vormaligen UdSSR und den Early Rise-Profilen in Nordamerika sowie den Langprofilen in Westeuropa. S_n- und P_n-Phasen breiten sich nach Molnar und Oliver (1969) überall durch kontinentale und ozeanische Platten aus; sie werden nur an mittelozeanischen Rücken und an Subduktionszonen gestoppt. Links oben nach rechts unten schraffiert: effiziente Ausbreitung; rechts oben nach links unten schraffiert: unterbrochene Ausbreitung der Phasen an Plattengrenzen, horizontale Schraffur: unsichere Ausbreitungsverhältnisse (nach: Enderle et al. 1997).

1.5 Krusten-Mantel-Wechselwirkung

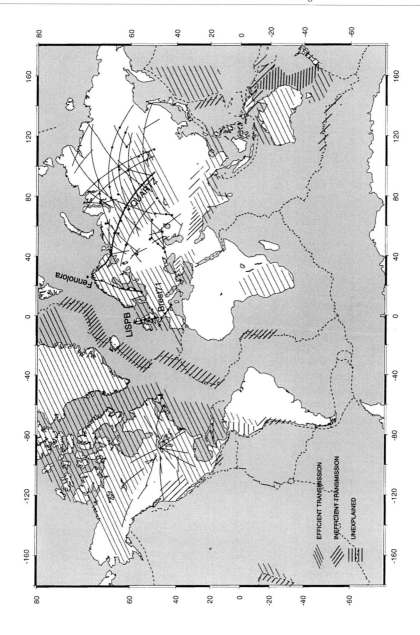

1.5.2 Subduktion an Orogenen

Die Alpen mit ihrer Mantel-Subduktion in ihrem nordwestlichen Vorland sind ein Beispiel für eine Ablösung des Mantels von der Kruste während der Kontinent-Kontinent-Kollision. Die Ablösung des Mantels wird zusammen mit dem tiefsten Teil der Unterkruste auf dem DSS-Profil der EGT bei integrierten reflexions- und refraktionsseismischen Experimenten deutlich beobachtet (Pfiffner et al. 1990; Mayer et al. 1997). Während die Oberkruste bei der Gebirgsbildung in Kollision mit Gebirgsbildung getrieben wird, findet man die Unterkruste zum Teil in die Gebirgswurzel „gebulldozed". Hier trägt sie zum Auftrieb des Gebirges bei, zum Teil begleitet sie den abgelösten Mantel in die Subduktion. In diesem Prozeß bewegen sich Oberkruste und oberer Mantel mit unterschiedlicher Relativgeschwindigkeit: während die spröde Oberkruste in der Kollision abgebremst wird, setzt der lithosphärische Mantel seine Bewegung in den Alpen-Mantel fort.

An dem Auftreten dieser Ablösung gibt es keinen Zweifel. Bereits im Abschnitt 1.3.3 wurde auf die Beziehung zwischen den beobachteten tiefen krustalen Hypozentren und dem Band hoher Reflektivität aufmerksam gemacht. Dieses stark reflektierende Band fällt mit der Übergangszone hoher Strainrate 3 km über dem Mantelablösungshorizont zusammen, wie er sich bei der Modellierung der Entkopplung von Oberkruste und Mantel durch eine Unterkruste mit geringer Scherspannung ergibt. Selbst bei dieser Übereinstimmung von Beobachtungen und quantitativer Modellierung verbleiben neue unbeantwortete Fragen: Wo beginnt die Relativbewegung zwischen Kruste und Mantel? Geschieht dies am geometrischen Beginn der Subduktion? Oder ist es möglich, daß sich die Bewegung mit unterschiedlicher Geschwindigkeit in das Vorland erstreckt und, gegebenenfalls, wie weit? Was bestimmt die Tiefe, in der die Ablösung stattfindet? Warum wird ein Teil der Unterkruste zusammen mit dem lithosphärischen Mantel subduziert?

1.6 Schlußfolgerungen

1.6.1 Offene Fragen

Viele Fragen stellten sich am Ende des Sonderforschungsbereich 108 und blieben unbeantwortet:

1. Tiefe krustale Erdbeben wurden in der reflektiven Unterkruste lokalisiert. Dies steht in klarem Widerspruch zur einfachen Parallelisierung von reflektiver und duktiler Unterkruste.

2. Bei Verifikationsexperimenten mit ergänzender Reflexionsseismik stellte es sich heraus, daß diese tiefen krustalen Hypozentren in der Tiefe von einem

1.6 Schlußfolgerungen

3 bis 5 km dünnen Band starker Reflektivität in der Tiefe begrenzt werden, das sich zwischen die tiefsten Hypozentren und die Moho zwängt. Dieses Band fällt zusammen mit der Übergangszone hoher Strainrate, wie es bei einer entkoppelten Kruste direkt oberhalb der Moho modelliert wird. Ist dies der Bereich der rezenten Bildung von Unterkrusten-Reflektivität und relativer Bewegung zwischen Kruste und Mantel?

3. Bereiche homogener Spannungsorientierungen in der Weltspannungskarte und ihre unterschiedliche Skaligkeit bei verschiedenen tektonischen Regimen. Erkennen von Regionen mit möglicher Entkopplung von Oberkruste und Mantel.

4. Die Natur der Krusten-Mantel-Grenze als wichtiger Wechsel in der strukturellen Skaligkeit der Heterogenitäten wurde durch eine Anzahl von kontinentweiten konsistenten Mustern in den beobachteten Seismogrammsektionen entdeckt: dem abrupten Aufhören der vertikalen Reflektivität an der unteren Grenze der Unterkruste, die starke überkritische Reflexion P_MP und die bis in teleseismische Entfernungen gestreute P_n-Phase, die beiden letzteren mit jeweils sehr charakteristischer Coda.

5. Zusammenhang zwischen dem Wechsel in der Skaligkeit der Heterogenitäten und den sie erzeugenden Prozessen: Entkopplung von Oberkruste und Mantel im allgemeinen und im besonderen an Orogenen und Transform-Verwerfungen.

1.6.2 Perspektiven

Eine Reihe von Problemstellungen sind durch den Sonderforschungsbereich 108 neu erkannt worden und bieten Perspektiven für zukünftige Lithosphärenforschung:

1. Welches ist die Rolle der Unterkruste in der Entkopplung von Kruste und Mantel?

2. Durch welchen Prozeß wird er P_n-Wellenleiter, auch in der ozeanischen Lithosphäre? Wie wird er erzeugt? Gibt es eine Abhängigkeit vom Alter der Lithosphäre?

3. Welche Prozesse erzeugen die Vorzugsorientierung von Olivin im lithosphärischen Mantel? In welchem Umfang ist eine solche Vorzugsorientierung von Kristallen auch bei der Bildung der zufälligen Fluktuationen im P_n-Wellenleiter beteiligt?

4. Durch den neu entdeckten Wechsel der strukturellen Skaligkeit an der Krusten-Mantel-Grenze, wie sie in den Streufeldern von seismischen P- und S-Wellen gesehen wird, stellt sich die Frage, wie weit dieser Wechsel auch in anderen Disziplinen gesehen wird und welches die Folgerungen für die lithosphärische Tektonik sind. Zum Beispiel, welche strukturelle Skaligkeit wird in

der Petrologie in den verschiedenen Stockwerken der Lithosphäre beobachtet oder abgeleitet? Welches sind die Prozesse, die den Wechsel in der strukturellen Skaligkeit an der Moho, möglicherweise als ein Gemisch von Krusten- und Mantelmaterial erzeugen? Ist der Wechsel in der Skaligkeit ein reines Abbild vertikaler petrologischer Differentiationsprozesse? Verlangt der abrupte Wechsel der Skaligkeit und insbesondere seine horizontale Ausdehnung nach horizontalen Transportprozessen mit deutlichen Unterschieden in der unteren Kruste und dem oberen Mantel?

5. In orogenen Prozessen: Welche Beziehung besteht zwischen den großen, schwachen Blattverschiebungen und den Überschiebungsmechanismen? Versucht die kontinentale Lithosphäre im Anfangsstadium der Kollision die Deformation durch Bildung von Transform-Bewegungen zu akkommodieren (Escape Tectonics) und wechselt sie erst in einem späteren Stadium zu Überschiebungen und Subduktion?

6. Was ist der Einfluß von zwei- oder dreidimensionaler Geschwindigkeitsfluktuation in der Lithosphäre auf die Wellenausbreitung? Die Herausforderung ist die Modellierung von Wellenausbreitung und der Coda-Erscheinung in einem schwach fluktuierenden Medium bei kritischem Einfall. Welche stoffliche Zusammensetzung ist bei der Ausbildung der fluktuierenden Schlierenstruktur beteiligt? Welche Einflußgrößen kontrollieren die Mächtigkeit des zufällig fluktuierenden Wellenleiters?

7. Was verursacht die Terminierung des Riftings (nördliches Ende der Jordan Transform-Verwerfung, südliches Ende des Kenia-Rifts, südliches Ende des Limagnegrabens)?

Der Sonderforschungsbereich 108 hat die Bedeutung von Mustererkennung bei der Exploration einer komplexen Welt kennengelernt. Echte Entdeckungen gründen sich auf Mustererkennung. Dies ist für Geologen und Geochemiker selbstverständlich, die z. B. nach der Verteilung von seltenen Erden suchen. Aber auch Seismologen entdecken neue Phasen nur durch Mustererkennung. Es ist sehr bemerkenswert, daß in allen Lehrbüchern sämtlicher erdwissenschaftlicher Disziplinen kein Abschnitt über Mustererkennung enthalten ist.

Es gibt eine lange, erfolgreiche Zusammenarbeit zwischen Geophysikern und Mathematikern in der Entwicklung und Anwendung von Daten-Inversionsmethoden. Mathematische Statistik kann Modelle testen, die aus einem unvollständigen und verrauschten Datensatz abgeleitet worden sind, und liefert robuste Zahlen mit Fehlerbalken.

Heute stellt sich eine neue Herausforderung für die Zusammenarbeit zwischen Erdwissenschaftlern und Mathematikern: die Entwicklung effizienter Methoden der Mustererkennung mit neuen Algorithmen zur schnellen Reorganisation von großen Datensätzen sowie die effiziente Simulation von Prozessen, welche die Strukturen erzeugen, die in den Daten beobachtet werden. Mensch-Rechner-Wechselwirkung könnte ein effizientes Handwerkszeug zur Mustererkennung werden und auch zum Erlangen eines Konsens über die

1.6 Schlußfolgerungen

Ähnlichkeit beobachteter und auch von beobachteten und simulierten Mustern. Es gibt zwei Wege für den Fortschritt in der Wissenschaft. Auf dem einen wird eine Hypothese durch neue Beobachtungen getestet. Auf dem anderen wird eine solche Fülle von neuen Beobachtungen erzeugt, daß eine Reorganisation von Daten, möglicherweise auch die Einführung einer neuen Theorie unvermeidlich wird. Als der Ozeanboden nach dem Zweiten Weltkrieg untersucht wurde, tat dies keiner der Beteiligten, um eine Hypothese zu testen. Aber die Hypothese der Plattentektonik entwickelte sich, als die Fülle der Beobachtungen neue Muster zu erkennen gestattete und neue Verknüpfungen zwischen den Mustern entstanden. Die komplexe Entwicklung der Kontinente verlangt heute eine noch größere Anstrengung auf der Suche nach neuen Daten, nach Mustererkennung und dem Verständnis ihrer Verknüpfungen, als die Erdwissenschaften bisher auf den Ozeanen erreicht haben.

Danksagung

Mein Dank gilt allen Mitarbeitern und allen Mitgliedern von Vorstand und Koordinierungsgremien des Sonderforschungsbereich 108 in den Jahren 1981 bis 1995. Wir danken allen Gutachtern der Deutschen Forschungsgemeinschaft, die den Sonderforschungsbereich in diesen Jahren mit Kritik und Anregungen begleitet haben. – Der Sonderforschungsbereich 108 dankt für die finanzielle Unterstützung der Deutschen Forschungsgemeinschaft, des Landes Baden-Württemberg und der Universität Karlsruhe. Die Zusammenarbeit mit den Partnern aus dem In- und Ausland ist dankend hervorzuheben. Nicht zuletzt gilt mein Dank für die kritische Durchsicht des Manuskripts und für die Anregungen meinen Kollegen Frau B. Müller und den Herren C. Prodehl, J. Ritter und F. Wenzel.

1.7 Literatur

Achauer, U. (1990): Das Lithosphären-Asthenosphärensystem unter dem Ostafrikanischen Rift, Kenia. Diss. Universität Karlsruhe, Karlsruhe, 173 S.
Achauer, U. (1992): A study of the Kenya rift using delay time tomography analysis and gravity modelling. Tectonophysics 209, 197–207.
Achauer, U. & the KRISP Teleseismic Working Group (1994): New ideas on the Kenya rift based on the inversion of the combined dataset of the 1985 and 1989/90 seismic tomography experiments. Tectonophysics 236, 305–329.
Ahorner, L. (1970): Seismo-tectonic relations between the graben zones of the Upper and Lower Rhine valley. In: J.H. Illies and S. Mueller (eds.), Graben Problems. Schweizerbart, Stuttgart, pp. 155–166.
Ahorner, L. (1975): Present-day stress field and seismo-tectonic block movements along major fault zones in central Europe. Tectonophysics 29, 233–249.
Altherr, R. (ed.) (1992): The Afro-Arabian rift system. Tectonophysics 204, 1–110.
Altherr, R.; Henjes-Kunst, F.; Puchelt, H.; Baumann, A. (1988): Volcanic activity in the Red Sea axial trough – evidence for a large mantle diapir? In: E. Bonatti (ed.), Zabargad Island and the Red Sea rift. Tectonophysics 150, 121–134.

1 Synopse Sonderforschungsbereich 108

Altherr, R.; Henjes-Kunst, F.; Baumann, A. (1990): Asthenosphere versus lithosphere as possible sources for basaltic magmas erupted during formation of the Red Sea: constraints from Sr, Pb and Nd isotopes. Earth Planet. Sci. Lett. 96, 269–286.

Bayer, H.-J.; Hötzl, H.; Jado, A. R.; Röscher, B.; Voggenreiter, W. (1988): Sedimentary and structural evolution of the north-west Arabian Red Sea margin. In: X. LePichon and J. R. Cochran (eds.), The Gulf of Suez and Red Sea rifting. Tectonophysics 153, 137–151.

Bell, J. S.; Gough, D. I. (1979): Northeast-Southwest compressive stress in Alberta: evidence from oil wells. EPSL 45, 475–482.

Bonjer, K.-P. (1997): Seismicity pattern and style of seismic faulting at the eastern border fault of the southern Rhinegraben. In: K. Fuchs, R. Altherr, B. Mueller, C. Prodehl (eds.), „Stress and stress release in the lithosphere – structure and dynamic processes in the grabens of the European rift systems". Tectonophysics 275 (1–3) (special Sonderforschungsbereich 108 volume).

Bosworth, W.; Strecker, M. (1997): Late Quaternary stress field changes in the Afro-Arabian rift system. In: K. Fuchs, R. Altherr, B. Mueller, C. Prodehl (eds.), „Structure and dynamic processes in the lithosphere of the Afro-Arabian rift system". Tectonophysics, 278 (1–4) (special Sonderforschungsbereich 108 volume).

Brace, W. F.; Kohlstedt, D. L. (1980): Limits on lithospheric stress imposed by laboratory experiments. J. Geophys. Res. 85, 6248–6252.

Brey, G. P.; Köhler, T. (1990): Geothermobarometry in four-phase lherzolites. II. New thermobarometers, and practical assessment of existing thermometers. J. Petrol. 31, 1353–1378.

Briem, E. (1989): Die morphologische und tektonische Entwicklung des Roten-Meer-Grabens. Z. Geomorph. N. F. 33, 485–498.

Brudy, M. (1995): Determination of in-situ stress magnitude and orientation to 9 km depth at the KTB site. Diss. University of Karlsruhe, Karlsruhe.

Brudy, M.; Zoback, M. D.; Fuchs, K.; Rummel, F.; Baumgärtner, J. (1996): Estimation of the complete stress tensor to 8 km depth in the KTB scientific drill holes – Implications for crustal strength. Journal of Geophysical Research (KTB-volume).

Chapman, D. S. (1986): Thermal gradients in the continental crust. In: Dawson, Carwell, Hall, Wedepohl (eds.), The nature of the continental crust. Geol. Soc. Spec. Publ. 24, 63–70.

Enderle, U.; Tittgemeyer, M.; Itzin, M.; Prodehl, C.; Fuchs, K. (1997): Scales of structure in the lithosphere – images of processes. In: K. Fuchs, R. Altherr, B. Mueller, C. Prodehl (eds.), „Stress and stress release in the lithosphere – structure and dynamic processes in the grabens of the European rift systems". Tectonophysics 275 (1–3) (special Sonderforschungsbereich 108 volume).

Fuchs, K.; Altherr, R.; Mueller, B.; Prodehl, C. (eds.) (1997a): „Stress and stress release in the lithosphere – structure and dynamic processes in the grabens of the European rift systems". Tectonophysics 275 (1–3) (special Sonderforschungsbereich 108 volume).

Fuchs, K.; Altherr, R.; Mueller, B.; Prodehl, C. (eds.) (1997b): „Structure and dynamic processes in the lithosphere of the Afro-Arabian rift system". Tectonophysics 278 (1–4) (special Sonderforschungsbereich 108 volume).

Gasparik, T. (1987): Orthopyroxene thermobarometry in simple and complex systems. Contrib. Mineral. Petrol. 96, 357–370.

Ginzburg, A.; Makris, J.; Fuchs, K.; Perathoner, B.; Prodehl, C. (1979): Detailed structure of the crust and upper mantle along the Jordan-Dead Sea Rift and their transition toward the Mediterranean Sea. J. Geophys. Res. 84, 1569–1582.

Granet, M.; Stoll, G.; Dorel, J.; Achauer, U.; Poupinet, G.; Fuchs, K. (1995a): Massif Central (France): new constraints on the geodynamical evolution from teleseismic tomography. Geophys. J. Int. 121, 33–48.

Granet, M.; Wilson, M.; Achauer, U. (1995b): Imaging a mantle plume beneath the French Massif Central. Earth Planet. Sci. Lett. 136, 281–296.

Greiner, G.; Illies, H. J. (1977): Central Europe: Active or residual tectonic stress. Pure Appl. Geophys. 114, 11–26.

1.6 Schlußfolgerungen

Henjes-Kunst, F.; Altherr, R. (1992): Metamorphic petrology of xenoliths from Kenya and Northern Tanzania and implications for geotherms and lithospheric structures. J. Petrol. 33, 1125–1156.

Henry, W. J.; Mechie, J.; Maguire, P. K. H.; Khan, M. A.; Prodehl, C.; Keller, G. R.; Patel, J. P. (1990): A seismic investigation of the Kenya rift valley. Geophys. J. Int. 100, 107–130.

Hötzl, H. (1984): The Red Sea. In: A. R. Jado and J. G. Zoetl (eds.), Quaternary period in Saudi Arabia. Springer, Vienna-New York, Vol. 2, pp. 13–25.

Holl, A.; Althaus, E.; Lempp, Ch.; Natau, O. (1997): The petrophysical behaviour of crustal rocks under the influence of crustal fluids. In: K. Fuchs, R. Altherr, B. Mueller, C. Prodehl (eds.), „Stress and stress release in the lithosphere – structure and dynamic processes in the grabens of the European rift systems". Tectonophysics 275 (1–3) (special Sonderforschungsbereich 108 volume).

Huber, K.; Fuchs, K.; Palmer, J.; Roth, F.; Khakhaev, B. N.; van Kin, L. E.; Pevzner, L. A.; Hickman, S.; Moos, D.; Zoback, M. D.; Schmitt, D. (1997): Analysis of borehole televiewer measurements in the Vorotilov drillhole, Russia – first results. In: K. Fuchs, R. Altherr, B. Mueller, C. Prodehl (eds.), „Stress and stress release in the lithosphere – structure and dynamic processes in the grabens of the European rift systems". Tectonophysics 275 (1–3) (special Sonderforschungsbereich 108 volume).

Illies, H. J. (1975): Intraplate tectonics in stable Europe as related to plate tectonics in the Alpine System. Geol. Rundsch. 64 (3), 677–699.

Lachenbruch, A. H.; Sass, J. H. (1973): Thermo-mechanical aspects of the San Andreas fault system. Proceedings of the conference on tectonic problems of the San Andreas Fault System. Stanford University Publications, Stanford, California, pp. 192–205.

Mayer, G.; Kempter, M.; Plenefisch, T.; Echtler, H.; Lüschen, E.; Wehrle, V.; Mueller, B.; Bonjer, K.-P.; Prodehl, C.; Fuchs, K. (1997): The Rhinegraben – crustal detachment and subduction with the Alpine orogen. In: K. Fuchs, R. Altherr, B. Mueller, C. Prodehl (eds.), „Stress and stress release in the lithosphere – structure and dynamic processes in the grabens of the European rift systems". Tectonophysics 275 (1–3) (special Sonderforschungsbereich 108 volume).

McKenzie, D.; Bickle, M. J. (1989): The volume and composition of melt generated by extension of the lithosphere. J. Petrol. 29, 625–679.

Mechie, J.; El-Isa, Z. H. (1988): Upper lithospheric deformations in the Jordan-Dead Sea transform regime. In: X. LePichon, J. R. Cochran (eds.), The Gulf of Suez and Red Sea rifting. Tectonophysics 153, 153–159.

Mechie, J.; Prodehl, C.; Koptschalitsch, G. (1986): Ray-path interpretation of the crustal structure beneath Saudi Arabia. Tectonophysics 236, 179–200.

Mechie, J.; Egorkin, A. V.; Fuchs, K.; Ryberg, T.; Solodilov, L.; Wenzel, F. (1993): P-wave mantle velocity structure beneath northern Eurasia from long-range recordings along the profile QUARTZ. Phys. Earth Planet. Inter. 79, 269–286.

Mechie, J.; Fuchs, K.; Altherr, R. (1994): The relationship between seismic velocity, mineral composition, temperature and pressure in the upper mantle – with an application to the Kenya rift and its eastern flank. In: C. Prodehl, G. R. Keller, M. A. Khan (eds.), Crustal and upper mantle structure of the Kenya rift. Tectonophysics 236, 179–200.

Mechie, J.; Prodehl, C.; Keller, G. R.; Khan, M. A.; Achauer, U.; Gaciri, S. J. (1997): A model for structure, composition and evolution of the northern and central Kenya rift. In: K. Fuchs, R. Altherr, B. Mueller, C. Prodehl (eds.), „Structure and dynamic processes in the lithosphere of the Afro-Arabian rift system". Tectonophysics 278 (1–4) (special Sonderforschungsbereich 108 volume).

Meissner, R.; Strehlau, J. (1982): Limits of stresses in continental crusts and their relation to the depth-frequency distribution of shallow earthquakes. Tectonics 1, 73–89.

Mooney, W. D.; Brocher, T. M. (1987): Coincident seismic reflection/refraction studies of the continental lithosphere: a global review. Rev. Geophys. 25, 723–742.

Mooney, W. D.; Gettings, M. E.; Blank, H. R.; Healy, J. H. (1985): Saudi-Arabian seismic refraction profile: a traveltime interpretation of crust and upper mantle structure. Tectonophysics 111, 173–246.

Mueller, B.; Zoback, M. L.; Fuchs, K.; Mastin, L.; Gregersen, S.; Pavoni, N.; Stephansson, O., Lunggren, C. (1992): Regional patterns of stress in Europe. J. Geophys. Res. 97, 11783–11804.

Mueller, B.; Wehrle, V.; Zeyen, H.; Fuchs, K. (1997): The stress field of Western Europe in comparison to North-East America. In: K. Fuchs, R. Altherr, B. Mueller, C. Prodehl (eds.), „Stress and stress release in the lithosphere – structure and dynamic processes in the grabens of the European rift systems". Tectonophysics 275 (1–3) (special Sonderforschungsbereich 108 volume).

Novak, O.; Prodehl, C.; Jacob, B.; Okoth, W. (1997a): Crustal structure of the southeastern flank of the Kenya rift deduced from wide-angle P-wave data. In: K. Fuchs, R. Altherr, B. Mueller, C. Prodehl (eds.): „Structure and dynamic processes in the lithosphere of the Afro-Arabian rift system". Tectonophysics 278 (1–4) (special Sonderforschungsbereich 108 volume).

Novak, O.; Ritter, J. R. R.; Altherr, R.; Byrne, G. F.; Sobolev, S. V.; Garasic, V.; Volker, F.; Kluge, C.; Kaspar, T.; Fuchs, K. (1997b): An integrated model for the deep structure of the Chyulu Hills volcanic field, Kenya. In: K. Fuchs, R. Altherr, B. Mueller, C. Prodehl (eds.), „Structure and dynamic processes in the lithosphere of the Afro-Arabian rift system". Tectonophysics 278 (1–4) (special Sonderforschungsbereich 108 volume).

Perathoner, B.; Fuchs, K.; Prodehl, C.; Ginzburg, A. (1981): Detailed interpretation of deep-seismic sounding observations from the Jordan-Dead Sea rift and adjacent areas. In: R. Freund, Z. Garfunkel (eds.), Dead Sea Rift. Tectonophysics 80, 121–133.

Pfiffner, O. A.; Frei, W.; Valasek, P.; Stäuble, M.; DuBois, L.; Levato, L.; Schmid, S.; Smithson, S. B. (1990): Crustal shortening in the Alpine orogen: results from deep seismic reflection profiling in the eastern Swiss Alps-line NFP 20-EAST. Tectonics 9, 1327–1356.

Plenefisch, T.; Bonjer, K.-P. (1997): The stress field in the Rhinegraben area inferred from earthquake focal mechanism and estimation of frictional parameters. In: K. Fuchs, R. Altherr, B. Mueller, C. Prodehl (eds.): „Stress and stress release in the lithosphere – structure and dynamic processes in the grabens of the European rift systems". Tectonophysics 275 (1–3) (special Sonderforschungsbereich 108 volume).

Prodehl, C. (1985): Interpretation of a seismic refraction survey across the Arabian Shield in western Saudi Arabia. Tectonophysics 111, 247–282.

Prodehl, C.; Mechie J. (1991): Crustal thinning in relationship to the evolution of the Afro-Arabian rift system – a review of seismic refraction data. In: J. Makris, P. Mohr, R. Rihm (eds.): Red Sea: Birth and early history of a new oceanic basin. Tectonophysics 198, 311–327.

Prodehl, C.; Keller, G. R.; Khan, M. A. (eds.) (1994): Crustal and upper mantle structure of the Kenya rift. Special volume, Tectonophysics 236, 483 pp.

Prodehl, C.; Müller, St.; Haak, V. (1996): The European Cenozoic Rift System. In: K. H. Olsen (ed.), Continental Rifts: Structure, Evolution, Tectonics (CREST). Elsevier, Amsterdam, pp. 133–212.

Prodehl, C.; Fuchs, K.; Mechie, J. (1997): The lithosphere beneath the Afro-Arabian rift system. In: K. Fuchs, R. Altherr, B. Mueller, C. Prodehl (eds.): „Structure and dynamic processes in the lithosphere of the Afro-Arabian rift system". Tectonophysics 278 (1–4) (special Sonderforschungsbereich 108 volume).

Reuther, C. D.; Eisbacher, G. H. (1985): Pantelleria rift: crustal extension in a convergent intraplate setting. Geol. Rundsch. 74, 585–597.

Reuther, C.D.; Ben-Avraham, Z.; Grasso, M. (1993): Origin and role of major strike-slip transfers during plate collision in the Central Mediterranean. Terra Nova 5, 249–257.

Richardson, R. M.; Solomon, S. C.; Sleep, N. H. (1979): Tectonic stress in the plates. Rev. Geophysics and Space Physics 17 (5), 981–1019.

Ritter, J. R. R.; Kaspar, T. (1997): A tomography study of the Chyulu Hills, Kenya. In: K. Fuchs, R. Altherr, B. Mueller, C. Prodehl (eds.), „Structure and dynamic processes in the lithosphere of the Afro-Arabian rift system". Tectonophysics 278 (1–4) (special Sonderforschungsbereich 108 volume).

1.6 Schlußfolgerungen

Ryberg, T.; Fuchs, K.; Egorkin, V. A.; Solidilov, L. (1995): High-frequency teleseismic P_n waves observations beneath northern Eurasia. J. Geophys. Res. 100, 18151–18163.

Sobolev, S. V.; Zeyen, H.; Stoll, G.; Werling, F.; Altherr, R.; Fuchs, K. (1996): Upper mantle temperatures from teleseismic tomography of French Massif Central including effects of composition, mineral reactions, anharmonicity, anelasticity and partial melt. Earth Planet. Sci. Lett. 147, 147–163.

Sobolev, S. V.; Zeyen, H.; Granet, M.; Stoll, G.; Achauer, U.; Bauer, C.; Werling, F.; Altherr, R.; Fuchs, K. (1997): Upper mantle temperatures and lithosphere-asthenosphere system beneath the French Massif Central constrained by seismic, gravity, petrologic and thermal observations. In: K. Fuchs, R. Altherr, B. Mueller, C. Prodehl (eds.): „Stress and stress release in the lithosphere – structure and dynamic processes in the grabens of the European rift systems". Tectonophysics 275 (1–3) (special Sonderforschungsbereich 108 volume).

Steckler, M. S.; ten Brink, U. S. (1986): Lithospheric strength variations as a control on new plate boundaries: examples from the northern Red Sea region. Earth Planet. Sci. Lett. 79, 120–132.

Strecker, M.; Blisniuk, P. M.; Eisbacher, G. (1997): Rotation of extension direction in the central Kenya rift. Geology 18, 299–302.

van Mierlo, J.; Oppen, S.; Vogel, M. (1997): Monitoring of recent crustal movements in the Eastern Alps with the Global Positioning System (GPS). In: K. Fuchs, R. Altherr, B. Mueller, C. Prodehl (eds.), „Stress and stress release in the lithosphere – structure and dynamic processes in the grabens of the European rift systems". Tectonophysics 275 (1–3) (special Sonderforschungsbereich 108 volume).

Vink, G. E.; Morgan, W. J.; Zhao, W.-L. (1984): Preferential rifting of continents: a source of displaced terranes. J. Geophys. Res. 89, 10072–10076.

Voggenreiter, W.; Hötzl, H.; Jado, A. R. (1988a): Red Sea related history of extension and magmatism in the Jzan area (Southwest Saudi Arabia): indication for simple-shear during early Red Sea rifting. Geol. Rundschau 77, 257–274.

Voggenreiter, W.; Hötzl, H.; Mechie, J. (1988b): Low-angle detachment origin for the Red Sea rift system? In: E. Bonatti (ed.), Zabargad Island and the Red Sea rift. Tectonophysics 150, 51–75.

Volker, F.; Altherr, R.; Jochum, K. P.; McCulloch, M. T. (1997): Quaternary volcanic activity of the southern Red Sea: new data and assessment of models on mantle sources and Afar plume-lithosphere interaction. In: K. Fuchs, R. Altherr, B. Mueller, C. Prodehl (eds.), „Structure and dynamic processes in the lithosphere of the Afro-Arabian rift system". Tectonophysics 278 (1–4) (special Sonderforschungsbereich 108 volume).

Webb, S. A. C.; Wood, B. J. (1986): Spinel-pyroxene-garnet relationship and their dependence on Cr/Al ratio. Contr. Mineral. Petrol. 92, 471–480.

Zeyen, H.; Novak, O.; Landes, M.; Prodehl, C.; Driad, L.; Hirn (1997a): Refraction-seismic investigations of the northern Massif Central (France). In: K. Fuchs, R. Altherr, B. Mueller, C. Prodehl (eds.), „Stress and stress release in the lithosphere – structure and dynamic processes in the grabens of the European rift systems". Tectonophysics 275 (1–3) (special Sonderforschungsbereich 108 volume).

Zeyen, H.; Sobolev, S.; Volker, F.; Fuchs, K.; Altherr, R.; Wehrle, V. (1997b): Styles of continental rifting: crust-mantle detachment and mantle plumes. In: K. Fuchs, R. Altherr, B. Mueller, C. Prodehl (eds.), „Structure and dynamic processes in the lithosphere of the Afro-Arabian rift system". Tectonophysics 278 (1–4) (special Sonderforschungsbereich 108 volume).

Zoback, M. D. (1991): State of stress and crustal deformation along weak transform faults. In: R. B. Whitmarsh, M. H. P. Bott, J. D. Fairhead, W. J. Kusznir (eds.), Royal Society discussion meeting on tectonic stress in the lithosphere. Phil. Trans. R. Soc. London A 337, 141–150.

Zoback, M. L. (1992): First- and second-order patterns of stress in the lithosphere: The World Stress Map Project. J. Geophys. Res. (special volume) 97 (B8): 11703–11728.

Zoback, M. D.; Harjes, H.-P. (1996): Injection induced earthquakes and crustal stress at 9 km depth at the KTB Deep Drilling Site, Germany. J. Geophys. Res.

Zoback, M. L.; Zoback, M. D. (1980): State of stress in the conterminous United States. J. Geophys. Res. 85, 6113–6156.
Zoback, M. L.; Zoback, M. D.; Adams, J.; Assumpcao, M.; Bell, S.; Bergman, E. A.; Bluemling, P.; Brereton, N. R.; Denham, D.; Ding, J.; Fuchs, K.; Gay, N.; Gregersen, S.; Gupta, K. H.; Gvishiani, A.; Jacob, K.; Klein, R.; Knoll, P.; Magee, M.; Mercier, J. L.; Mueller, B. C.; Paquin, C.; Rajendran, K.; Stephansson, O.; Saurez, G.; Suter, M.; Udias, A.; Xu, Z. H.; Zhizhin, M. (1989): Global patterns of intraplate stress: A status report on the world stress map project of the International Lithosphere Program. Nature 341, 291–298.
Zoback, M. D.; Apel, R.; Baumgärtner, J.; Brudy M.; Emmermann, R.; Engeser, B.; Fuchs, K.; Kessels, W.; Rischmueller, H.; Rummel, F.; Vernik, L. (1993): Upper-crustal strength inferred from stress measurements to 6 km depth in the KTB borehole. Nature 365, 633–635.

2 Das „Zentrallaboratorium für Geochronologie" (ZLG) in Münster – Zwei Jahrzehnte geowissenschaftlicher Forschung an einer „DFG-Hilfseinrichtung"

Borwin Grauert, Albrecht Baumann
Unter Mitwirkung von Michael Bröcker und Ulrich Kramm

2.1 Einleitung

Hilfseinrichtungen der Forschung sind Einrichtungen von überregionaler Bedeutung, in der hochwertige personelle bzw. apparative Voraussetzungen für wissenschaftliche und wissenschaftlich-technische Dienstleistungen für die Forschung an einem Ort konzentriert sind. Die Einrichtung einer Hilfseinrichtung der Forschung setzt voraus, daß auf einem Arbeitsgebiet ein erheblicher generell längerfristiger Bedarf an Dienstleistungen für die Forschung besteht, zu dessen Erfüllung eine zentrale Stelle notwendig erscheint.

Ein Beispiel für eine derartige „Hilfseinrichtung" ist das *Zentrallaboratorium für Geochronologie* in Münster, das seit 1976 als zentrale Einrichtung für die Bearbeitung isotopengeochemischer und geochronologischer Fragestellungen aus dem gesamten Bereich der Geowissenschaften (Geologie, Geochemie, Petrologie, Ökologie) von der DFG gefördert wird. Das ZLG ist Bestandteil des Institutes für Mineralogie der Westfälischen Wilhelms-Universität Münster (WWU Münster) und verfügt über alle notwendigen Einrichtungen und Geräte zur Durchführung von Altersbestimmungen und isotopengeochemischen Untersuchungen mit den Methoden Rb-Sr, Sm-Nd- und U-Th-Pb. Eine Erweiterung des methodischen Spektrums zur Durchführung von geochemischen Untersuchungen mittels Multikollektor-ICP-Massenspektrometrie ist seit März 1998 möglich.

Im Institut stehen folgende Räume und Einrichtungen vorrangig für geochronologische und isotopengeochemische Untersuchungen zur Verfügung:

- Laboratorium für die Grobaufbereitung von Gesteinen.
- Laboratorium für die Feinaufbereitung von Mineralen.
- Chemisches Laboratorium zur Abtrennung der zu untersuchenden Elemente.
- Laboratorium für die Massenspektrometrie.
  Zwei Thermionenmassenspektrometer (TIMS)
  SS1290 des Herstellers Teledyne Isotopes, Baltimore, U.S.A., Sector 54 der Herstellerfirma Fisons/VG Isotech, Middlewich, England.

2 Das „Zentrallaboratorium für Geochronologie" (ZLG) in Münster

Seit März 1998: ISO-plasmatrace Multikollektor-ICP-Massenspektrometer der Firma Micromass, Wythenshawe, England
- Zwei große Räume zur Lagerung von Labormaterial und Proben.

Das ständige Personal des ZLG besteht aus dem Leiter der Einrichtung (1976 bis 1997: Prof. Borwin Grauert; seit 1997: Prof. Klaus Mezger) und drei wissenschaftlichen Mitarbeitern, die auch Aufgaben in der Lehre wahrnehmen, einem Techniker und einer Chemisch-technischen Assistentin.

Das ZLG und seine Einrichtungen stehen grundsätzlich allen geowissenschaftlichen Instituten der Bundesrepublik Deutschland zur Nutzung zur Verfügung. Die jeweiligen Aufträge werden dabei in der Regel in Form von Gastforscherprogrammen abgewickelt, wobei das ZLG den infrastrukturellen Rahmen und das fachliche Know-how liefert, die Projekte aber durch den „Auftraggeber" selbst oder einen seiner Mitarbeiter in Zusammenarbeit mit den Wissenschaftlern des Labors vor Ort in Münster durchgeführt werden. Weitere Zentralfunktionen des ZLG liegen auf der Durchführung von Einführungs- und Ausbildungskursen auf dem Gebiet der Isotopengeochemie und Geochronologie. Dieses integrative Konzept hat inzwischen dazu geführt, daß seit dem Bestehen des ZLG nicht nur um die 100 Vorhaben erfolgreich durchgeführt wurden (s. Kap. 2.8), auch hat die Mitarbeit am ZLG einer Reihe von Gastwissenschaftlern den Zugang zu anderen namhaften geochronologischen Laboratorien eröffnen können.

Wissenschaftlich wird die Arbeit des ZLG von einem Kuratorium begleitet, dessen Mitglieder von der DFG im Einvernehmen mit dem Land NRW und der WWU Münster ernannt werden. Die Zahl der Mitglieder beträgt ca. sechs Wissenschaftler; für drei Mitglieder hat die WWU das Vorschlagsrecht. Die Amtszeit beträgt in der Regel zweimal drei Jahre. Dem Kuratorium obliegt die Aufstellung der Gastforscherprogramme. Es nimmt überdies Beratungsfunktionen gegenüber der DFG und seinen Gremien in Fragen isotopengeochemischer Forschung in der Bundesrepublik Deutschland wahr. Die eigentlichen Forschungsvorhaben werden dagegen wie üblich durch die Fachgutachter der DFG geprüft und beurteilt.

Kuratoriumsmitglieder:
Prof. Dr. J. Behrmann, Freiburg (Anfang 1996 – dto.)
Prof. Dr. R. Emmermann, Gießen (1983 – Mitte 1989, Vorsitz: Mitte 1985 – Mitte 1989)
Prof. Dr. J. Hoefs, Göttingen (Mitte 1985 – Anfang 1996, Vorsitz: Mitte 1989 – Anfang 1996)
Prof. Dr. M. Okrusch, Würzburg (Mitte 1989 – Anfang 1996)
Prof. Dr. W. Schreyer, Bochum (1976–1982)
Prof. Dr. H. Seck, Köln (Mitte 1989 – dto., Vorsitz: Anfang 1996 – dto.)
Prof. Dr. K. von Gehlen (1976 – Ende 1985, Vorsitz: 1976 – Mitte 1985)
Prof. Dr. K.H. Wedepohl, Göttingen (1976 – Mitte 1985)
Prof. Dr. G. Wörner, Göttingen (Anfang 1996 – dto.)

Mitglieder aus Münster
Prof. Dr. H.U. Bambauer, Mineralogie (1976–1982)
Prof. Dr. L. Bischoff, Geologie (1986 – dto.)

2.1 Einleitung

Prof. Dr. W. Hoffmann, Mineralogie (1983 – Mitte 1991)
Prof. Dr. M. Lange, Geophysik (Mitte 1996 – dto.)
Prof. Dr. W. Maresch, Mineralogie (Mitte 1991 – dto.)
Prof. Dr. H. Miller, Geologie (1976 – Ende 1985)
Prof. Dr. T. Spohn, Planetologie (Mitte 1990 – Mitte 1996)
Prof. Dr. F. Thyssen, Geophysik (1983–Mitte 1990)
Prof. Dr. J. Untiedt, Geophysik (1976–1982).

Die Senatskommission für Geowissenschaftliche Gemeinschaftsforschung hat die Entwicklung der Hilfseinrichtung kontinuierlich fachlich begleitet und mit Nachdruck die inzwischen erfolgte Verlängerung des Vertrages zwischen der DFG und der Universität Münster um weitere fünf Jahre bis zum Jahr 2000 empfohlen. Sie hat dabei den Wunsch des Zentrallaboratoriums nach einer modifizierten Weiterführung der Hilfseinrichtung unter Berücksichtigung der internationalen wissenschaftlichen Anforderungen unterstützt.

Die wesentlichen Gründe für die Einrichtung des ZLG im Jahre 1979 folgten aus der damaligen Erkenntnis,

- daß in der Bundesrepublik Deutschland auf dem Gebiet isotopischer Altersbestimmungen geowissenschaftlicher Objekte ein starker Nachholbedarf bestünde,

- daß die Zahl und Kapazität der Anfang der siebziger Jahre in der Bundesrepublik vorhandenen geochronologischen Laboratorien zu klein war, um der zunehmenden Nachfrage nach Altersbestimmungen genügen zu können,

- daß die zur Verbesserung dieser Situation notwendigen Methoden (und das Instrumentarium) aufwendig und arbeitsintensiv und

- daß isotopische Altersbestimmungen stets in ihrem geowissenschaftlichen Gesamtrahmen zu sehen seien.

Rückblickend läßt sich sagen, daß mit der Einrichtung des ZLG und seines Gastforscherprogramms die seinerzeit angestrebten Ziele erreicht worden sind. Dies gilt insbesondere für regionalgeologisch orientierte Projekte, für die geochronologische und isotopengeochemische Daten heute unerläßliche Hilfsmittel geworden sind. Die Möglichkeiten der Geochronologie und Isotopengeochemie und ihre Anwendungsspektren haben sich in den letzten Jahren aber grundlegend geändert. Neue Untersuchungsmethoden ermöglichen heute z.B. ein sehr viel detailliarteres Verständnis der äußerst komplizierten Prozeßabläufe in der Lithosphäre. Für ihre Quantifizierung sind exakte Alters- und Isotopendaten unentbehrlich. Es ist daher zu erwarten, daß die Isotopengeochemie auf vielen Gebieten der modernen Geowissenschaften noch an Bedeutung gewinnen wird und die Nachfrage nach Ermittlung geochronologischer und isotopengeochemischer Daten trotz der Erweiterung diesbezüglicher Laborkapazitäten in Deutschland weiter zunimmt. Vor diesem Hintergrund ist auch die Entscheidung der DFG zu sehen, die Hilfseinrichtung ab 1995 um weitere fünf Jahre zu verlängern.

2 Das „Zentrallaboratorium für Geochronologie" (ZLG) in Münster

Die wissenschaftlichen Schwerpunkte der Arbeit am ZLG lagen bislang in der Altersbestimmung von geologischen Ereignissen und der Untersuchung der Herkunft von Magmen, Sedimenten (detritische Zirkone) und Vererzungen. In jüngerer Zeit kamen auch Vorhaben zur Archäometallurgie hinzu. In den letzten Jahren wurden neben diesen Projekten zwei große Themenbereiche, nämlich „Gesteinsmetamorphose" und „klastische Minerale" schwerpunktmäßig bearbeitet.

Für die zukünftige wissenschaftliche Arbeit des ZLG wurden folgende Zielsetzungen definiert:

Intensivierung der wissenschaftlichen Kooperation

Die langjährigen Erfahrungen im ZLG-Gastforscherprogramm haben gezeigt, daß Projekte in der Regel besonders erfolgreich waren, wenn die Interpretation der gewonnenen geochronologischen oder isotopengeochemischen Daten in enger Zusammenarbeit zwischen Mitarbeitern des ZLG und den Antragstellern erfolgte. Dies setzt voraus, daß die Mitarbeiter des ZLG, die das betreffende Projekt im Labor betreuen, in jedem Fall auch in das Gesamtprojekt mit eingebunden werden, womöglich schon bei der Antragstellung des Projektes, sowie bei der Probenahme im Gelände etc.

Da die jeweiligen Projektbearbeiter, in der Mehrzahl Doktoranden, häufig noch nicht über die erforderlichen Spezialkenntnisse und den notwendigen Überblick verfügen, sollten komplementäre Untersuchungen von ihrer Heimatinstitution veranlaßt werden. Zu den erwünschten Ergänzungen gehören z.B.:

- detaillierte Feldaufnahmen unter dem besonderen Blickwinkel der geochronologischen und isotopengeochemischen Fragestellung,
- Phasenanalyse und chemische Analyse an den für die Isotopenuntersuchungen ausgewählten Proben,
- Mikroanalyse mit Mikrosonde, Ionensonde, Elektronenmikroskop,
- Gefügeuntersuchungen des Makro- und Mikrobereichs,
- theoretische Überlegungen und Modellrechnungen zur thermischen Entwicklung, zum Stofftransport und zur Kinetik der Reaktionsabläufe.

Aufenthalte von Geowissenschaftlern – Postdoktorandenförderung

Im ZLG wird großer Wert darauf gelegt, daß Gastwissenschaftler ohne oder mit nur geringen Vorkenntnissen in der Isotopen-Analytik nach einiger Zeit ihre Analysen selbständig durchführen können und auch ein tieferes Verständnis für die Methodik entwickeln sowie Erfahrung in der Bewertung der Datenqualität gewinnen. Hier hat sich durch langjährige Erfahrung auch gezeigt, daß beim Gastaufenthalt von Doktoranden der Erfolg der Forschungsarbeit sowie der Lernerfolg im Labor besonders hoch war, wenn ein längerer Aufenthalt (sechs Monate bis ein Jahr) am ZLG möglich war. Mehrere Kurzaufenthalte von wenigen Wochen führten nur in Ausnahmefällen zum gewünschten Erfolg.

Um die Kenntnisse über die Anwendbarkeit und Aussagemöglichkeit der geochronologischen und isotopengeochemischen Methoden zu verbessern, wurde weiterhin die Möglichkeit eröffnet, daß sich erfahrene Geowissenschaftler, auch aus dem Ausland, zeitweise am ZLG aufhalten können. Diese sollen sich weniger durch eigene Isotopenanalysen als vielmehr aufgrund von Spezialkenntnissen auf einem der genannten Gebiete durch komplementäre Untersuchungen an der Beantwortung grundsätzlicher Fragen beteiligen. Darüber hinaus können zeitlich befristete, jedoch längere Aufenthalte von promovierten Geowissenschaftlern mit dem Ziel einer verstärkten Postdoktorandenförderung am ZLG finanziert werden.

Stärkere Einbindung der ZLG-Mitarbeiter

Eine Verbesserung der Gastforscherarbeiten am ZLG soll künftig auch durch eine noch engere Einbeziehung der ZLG-Mitarbeiter als bisher in die jeweiligen Projekte erreicht werden. Daher sollen, wie auch schon in der Vergangenheit praktiziert, die Mitarbeiter des ZLG bei einer größeren Anzahl von Anträgen an die DFG als Mitantragsteller fungieren.

2.2 Arbeiten zur methodischen Erweiterung

2.2.1 Erfassung, Datierung und Interpretation von Ungleichgewichten der Isotopenverteilung von Strontium und Neodym

Die gebräuchlichste graphische Darstellung von Isotopenverhältnissen für die Altersbestimmung mit der Rb-Sr- und Sm-Nd-Methode ist das von Nicolaysen 1961 eingeführte Isochronendiagramm. Die Datenpunkte kogenetischer Gesteine und Minerale liegen auf Geraden, den Isochronen, aus deren Steigung sich die Zeit seit dem Ende des geologischen Prozesses berechnen läßt, der die notwendige anfängliche Homogenisierung der Isotopenverhältnisse des Strontiums bzw. Neodyms bewirkt hat. In den drei Jahrzehnten seit der Einführung des Diagramms ist eine heute nicht mehr überschaubare Zahl von Nicolaysen-Diagrammen für die verschiedensten Gesteine veröffentlicht worden, in denen die Voraussetzungen für das Zustandekommen von Isochronen vorgelegen haben. Erstaunlich groß ist aber auch die Zahl der Beispiele für anscheinend oder scheinbar kogenetische Proben, bei denen die Datenpunkte mehr oder weniger deutlich von einer linearen Anordnung abweichen. Hier stellt sich die Frage, ob sich in der Streuung eine auswertbare oder wenigstens erklärbare Größe systematischer Beeinflussung der Isotopensysteme verbirgt. Tatsächlich konnten schon in den sechziger Jahren Jäger et al. (1961) durch die weiträumige Beprobung und Untersuchung der Hellglimmer und Biotite in den zentralen Alpen zeigen, daß die systematische Abweichung mit unterschiedlichen Schließungstemperaturen der Minerale für den Isotopenaustausch von Strontium erklärt werden kann, was dann zu der Einführung des Begriffs „Abkühlalter" führte.

Weniger befriedigend waren Versuche, von einigen Ausnahmen abgesehen, die Ursache für die Streuung von Datenpunkten in Isochronendiagrammen für Gesamtgesteine zu erklären. Es lag deshalb nahe, nach Möglichkeit weitere meßbare Größen in die Betrachtungen einzubeziehen, wobei sich in erster Linie die räumliche Verteilung oder der Abstand zwischen den Proben anbot. Besonders geeignet für derartige Untersuchungen sind Gesteine, die auf Distanzen von einigen Zentimetern bis Dezimetern eine große Variation im Rb/Sr- oder Sm/Nd-Verhältnis aufweisen. Sie können entlang von Profilen durch interessierende Bereiche meist lückenlos untersucht werden. Zu Gesteinen, bei denen diese Voraussetzungen gegeben sind, gehören viele Migmatite sowie gebänderte Metasedimente und Metavulkanite, aber auch Kontaktbereiche magmatischer Körper. Selbst Gesteine, bei denen man vom bloßen Augenschein eine größere Variation der Rb/Sr- und Sm/Nd-Verhältnisse nicht vermuten würde, haben sich in einigen Fällen als geeignet erwiesen.

Im ZLG wurden in den vergangenen Jahren besonders polymetamorphe Gneise, aber auch Kontakte zwischen Metamorphiten und Magmatiten durch Isotopenanalyse von Kleinbereichsprofilen untersucht, wozu in den folgenden Kapiteln Beispiele gebracht werden. Die Darstellung der Ergebnisse geschieht in Form sogenannter Profildiagramme, in denen Isotopenverhältnisse gegen die Position der Proben in einem Profil meist quer zur Foliation oder zu einem Kontakt aufgetragen werden (Abbildung 2.1). Diese Art der Darstellung bietet gegenüber dem konventionellen Isochronendiagramm zwei Vorteile:

- Mischungsgeraden, die im Isochronendiagramm von einer Isochrone nicht unterschieden werden können und keine Aussage über das Alter zulassen, können mit Profildiagrammen datiert werden.

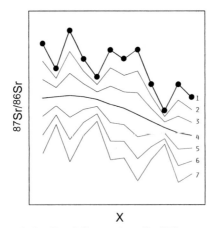

Abbildung 2.1: Schematische Darstellung eines Profildiagramms für Strontium: X bezeichnet die Position der Proben (z. B. Gesteinscheiben) in einem Profil. (1) ist die heutige, durch Isotopenanalyse ermittelte Verteilung. (2) bis (7) wurden für verschiedene Zeiten der Vergangenheit berechnet. (4) gibt die Verteilung nach dem letzten Ereignis wieder, das die Isotopenverhältnisse beeinflußt hat. (1) bis (4) wahre, (5) bis (7) nur scheinbare Verteilungen.

2.2 Arbeiten zur methodischen Erweiterung

- Datiert werden können auch Prozesse, die keine vollständige Homogenisierung der Isotopenverhältnisse bewirkt haben. Dies sei anhand der Abbildung 2.1 für Rb-Sr-Systeme erläutert.

Wenn man aus den heutigen Werten für die ^{87}Sr/^{86}Sr- und ^{87}Rb/^{86}Sr-Verhältnisse die ^{87}Sr/^{86}Sr-Verhältnisse für verschiedene Zeiten der Vergangenheit berechnet und diese gegen die Position der Proben im Profil aufträgt, so erhält man Verteilungen in der Art, wie sie das schematisierte Profildiagramm zeigt. Je weiter man in die Vergangenheit zurückgeht, um so mehr glätten sich die Profile, bis irgendwann eine maximale „Glättung" erreicht wird, die bei noch weiterem Zurückschreiten wieder schlechter wird. Auf dem Auffinden der ^{87}Sr/^{86}Sr-Verteilung mit der geringsten Unebenheit basiert die Möglichkeit der Datierung. Die gewisse Unsicherheit bei der Festlegung der Verteilung mit der besten Glättung wird etwas geringer, wenn man berücksichtigt, daß die Punkte von Proben mit höheren Rb/Sr-Verhältnissen nicht unterhalb von Proben mit niedrigeren Rb/Sr-Verhältnissen liegen sollten. Mit Hilfe dieses Kriteriums lassen sich scheinbare Verteilungen besser von solchen unterscheiden, die tatsächlich in der Vergangenheit existiert haben. Es ist deshalb aufgrund der bisherigen Erfahrung generell sinnvoll, zunächst die Berechnung deutlich über die Zeit der besten Glättung hinaus vorzunehmen. Dies erleichtert die visuelle Beurteilung sehr und ist besonders dann geboten, wenn ein Profil Bereiche enthält, deren Isotopenverteilungen mehr als einmal beeinflußt wurden. Die aus Profildiagrammen ermittelten Alter sind oft nur wenig, aber doch eindeutig verschieden von den Werten, die mit Hilfe von Isochronen ermittelt werden. Die Abbildungen 2.2a und 2.2b zeigen denselben Datensatz in einer Gegenüberstellung der beiden Diagramme.

Während die lineare Regression ein Isochronenalter von 361±5 Ma ergibt, entspricht die beste „Glättung" einem Alter von etwa 356 Ma. Wenn die Datenpunkte in den Isochronendiagrammen stärker streuen (die Regressionsgeraden werden dann manchmal als „Errorchronen" bezeichnet), können sich Abweichungen von 100 Ma und mehr ergeben, wozu in Kapitel 2.4.2 ein Beispiel mitgeteilt wird. Hinweise auf Relikte einer früheren Isotopenverteilung in polymetamorphen Gesteinen, und damit auf die Existenz einer älteren Metamorphose oder die Entstehung früher Mobilisate, konnte in einigen Fällen nur anhand von Profildarstellungen mit einiger Sicherheit abgeleitet werden, wofür unter anderem die Bohrkerne aus der Kontinentalen Tiefbohrung in Ostbayern ein Beispiel geliefert haben. Es soll in Kapitel 2.5 näher erläutert werden.

Über die Möglichkeit der Altersbestimmung hinaus kommt der Darstellung von Ergebnissen in Profildiagrammen noch weitere Bedeutung zu: Für die Aufklärung von Prozessen des Isotopenaustauschs ist es wichtig, die Isotopenverteilung zur Zeit des Prozeßablaufs bzw. unmittelbar nach dessen Abklingen zu kennen, um Klarheit über die Art der beteiligten Mechanismen zu gewinnen. Dies ist jedoch nur möglich, wenn außer dem Anfangs- und Endzustand auch Gesteinsbereiche untersucht werden können, in denen die Isotopenneuverteilung auf halbem Wege zum Stillstand gekommen ist. Es war in den letzten Jahren ein besonderes Anliegen des ZLG, die Isotopenverteilung von

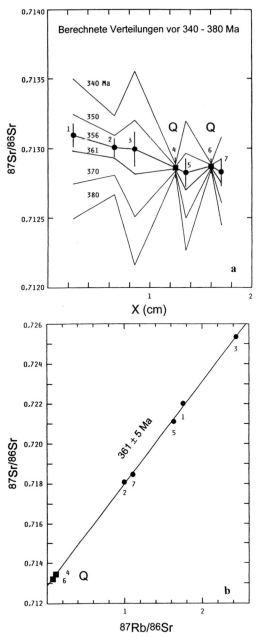

Abbildung 2.2: Vergleich von Profildiagramm (a) und Isochronendiagramm (b) mit Daten eines Kleinbereichsprofils durch einen Paragneis mit dünnen Quarzlagen (Q).

2.3 Untersuchungen zur Anwendbarkeit geochronologischer Methoden

Strontium und Neodym in unterschiedlich geprägten Metamorphiten als Funktion verschiedener Mechanismen und Gesteinseigenschaften wie Deformation, Temperung, stofflicher Heterogenität, metasomatischem Stofftransport unter Anwendung von Profildarstellungen zu untersuchen, und zwar vorrangig mit dem Ziel, den für die Altersinformation jeweils wesentlichen Prozeß zu erfassen. Die Anregungen hierzu ergaben sich teils bei der Bearbeitung von Gastforscherprojekten, teils aufgrund eigener Überlegungen.

Wenn man die bis jetzt mit Profildarstellungen gewonnenen Erkenntnisse zusammenfaßt, so lassen sich folgende Punkte festhalten:

Die ermittelten Isotopenverteilungen waren in vielen Fällen anders, als man sie aufgrund des gesteins- und gefügekundlichen Befundes hätte erwarten können. Isotopische Ungleichgewichte und diskontinuierliche Übergänge sind häufiger als vermutet. Gründe für die Unsicherheit in der Einschätzung sind sicherlich die insgesamt noch zu geringe Zahl von Kleinbereichsstudien und die noch unzureichenden Kenntnisse, wie sich die teilweise räumlich und zeitlich überlagernden geologischen Prozesse auf die Isotopenneuverteilung im Zentimeter- bis Dezimeterbereich von Gesteinen auswirken. Die umfangreichen Erfahrungen aus der Untersuchung von Mineralen lassen sich auf die Isotopensysteme von Gesteinen mit Volumina, welche die Größe der Minerale um ein Mehrfaches übersteigen, nicht immer widerspruchsfrei anwenden.

Die meisten der in polymetamorphen Gesteinen erkannten Übergänge zwischen Bereichen mit unterschiedlichen Isotopenverhältnissen weisen Breiten von nur wenigen Millimetern bis allenfalls zu einem Dezimeter auf. Dies ist von Vorteil, weil sich somit bereits Gesteinsproben von Handstück- bis Blockgröße für die Untersuchung eignen. Es hat sich dabei gezeigt, daß bei Auftreten von Inhomogenitäten der Isotopenverteilung eine lückenlose Analyse der Profile notwendig ist, um zuverlässige Aussagen zur Art und Weise der isotopischen Angleichung machen zu können.

Die Unterteilung eines Profils geschieht im allgemeinen zunächst aufgrund sichtbarer stofflicher und struktureller Unterschiede im Handstück und Dünnschliff. Allerdings ist in einigen Fällen eine weitere Auflösung erforderlich, insbesondere wenn Gradienten der Isotopenverhältnisse in äußerlich homogen erscheinenden Profilabschnitten auftreten. In den folgenden Kapiteln werden Beispiele von $^{87}Sr/^{86}Sr$- und $^{143}Nd/^{144}Nd$-Profildarstellungen und Versuche zu ihrer Interpretation mitgeteilt.

2.3 Untersuchungen zur Frage der Anwendbarkeit geochronologischer Methoden

2.3.1 Einfluß von Gesteinsdeformation, Rekristallisation und Temperung auf Isotopenverteilungen

Bei der Gesteinsmetamorphose können verschiedene Prozesse die Isotopenverteilung von Strontium und Neodym beeinflussen. Hierzu zählen insbesondere

Temperaturerhöhung, plastische Deformation, Umkristallisation, Rekristallisation und Migration von Fluiden. Obgleich sich einige Prozesse meist mehr oder weniger zeitlich überlagern, besteht bei der geologischen Interpretation von Isochronenaltern und Profildiagrammen der Wunsch, nach Möglichkeit zwischen der Wirkung der einzelnen Prozesse zu unterscheiden. Bei Untersuchungen von größtenteils polymetamorphen Metasedimenten aus dem Grundgebirge Ostbayerns, des Schwarzwalds, Argentiniens und Namibias stellte sich die Frage, ob sich in den Isotopenverteilungen von Kleinbereichsprofilen die letzte gefügeprägende Deformation, eine spätere Beeinflussung durch wasserreiche Fluide, erkennbar an wechselnder Serizitisierung von Plagioklasen, oder gar das Abklingen der Temperatur ausdrücke. Wegen der geringen räumlichen Distanz in Kleinbereichsprofilen war verschiedentlich die Meinung vertreten worden, daß Kleinbereichsverteilungen in glimmerreichen Gesteinen im wesentlichen Mineralaltern von Biotiten entsprächen und damit Abkühlalter repräsentieren würden, bis dann auch Beispiele bekannt wurden, die zeigten, daß zwischen den Gesamtgesteinsisochronen und den Glimmeraltern größere zeitliche Unterschiede bestehen können.

Wichtige Schlüsselproben zu den angeschnittenen Fragen wurden zunächst im Rahmen der geologisch-geochronologischen Bearbeitung von Bändergneisen der pampinen Sierren Nordwestargentiniens durch Miller und Willner (1981) und Knüver und Miller (1981) sowie aus Metasedimenten des Bayerischen Waldes durch Tembusch (1983) bekannt. Die weitverbreiteten Bändergneise aus der Sierra de Ancasti zeigen eine gut ausgebildete Foliation. Im Dünnschliff wird die gute Rekristallisation und Temperung des Gefüges ersichtlich, die für weite Bereiche der Bändergneise nach Ausbildung einer dritten Foliation charakteristisch ist. Das Bemerkenswerte ist nun, daß sich in den Gneisen trotz der deformativen Überprägung und der postdeformativen Temperung Relikte einer älteren Isotopenverteilung erhalten haben, was durch Bachmann (1985) mit mehreren Kleinbereichsanalysen nachgewiesen werden konnte. Abbildung 2.3 zeigt die $^{87}Sr/^{86}Sr$-Verteilung in einem Profil quer zum Lagenbau eines Gneises. Ähnliche Verteilungen wurden in der Folge in polymetamorphen Gneisen der unterschiedlichsten Gebiete aufgefunden.

Die $^{87}Sr/^{86}Sr$-Verteilung des Profils aus Argentinien führte zu der Schlußfolgerung, daß bei Rekristallisation und Temperung allein, d.h. auch bei hohen Temperaturen, der Isotopenaustausch nur wenig über Distanzen von der Größe der Mineralkörner hinausreicht. Diese Erklärung wird durch den beobachteten Mineralbestand gestützt, der über das gesamte Profil keine wesentliche Änderung aufweist und hauptsächlich aus glimmerreichen und quarz-feldspatreichen Lagen besteht. Damit ist auch, zumindest in diesem Fall, eine Interpretation der errechneten Alter als Abkühlalter ausgeschlossen. Die eigentliche Ursache für das Auftreten einer reliktischen Isotopenverteilung in einer jüngeren Umgebung ist damit jedoch nicht geklärt. Es wird vermutet, daß sie vielleicht auf Unterschiede in der vorausgehenden Deformation zurückzuführen ist, die wegen der guten Rekristallisation nicht mehr zu erkennen sind. Bei einigen Proben aus dem Schwarzwald und dem Bayerischen Wald war die postdeformative Temperung geringer. Hier lassen sich die reliktischen Be-

2.3 Untersuchungen zur Anwendbarkeit geochronologischer Methoden

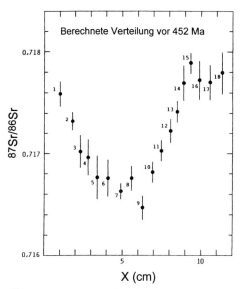

Abbildung 2.3: ^{87}Sr/^{86}Sr-Profildiagramm für das Kleinbereichsprofil durch einen Paragneis. Das Alter von 452 Ma ergab sich durch Isochronenberechnung für sechs Scheiben.

reiche der Isotopenverteilungen gut mit Gefügerelikten in Scherkörpern korrelieren.

Die Begrenzung der Scherkörper gegen ihre jüngere Umgebung ist meist recht scharf, und entsprechend abrupt sind die Übergänge in den Isotopenverhältnissen. Da jedoch der Deformation unzweifelhaft eine besondere Bedeutung bei der Isotopenneuverteilung zukommt, bestand seit langem der Wunsch, die Angleichung als Funktion des Strains zu untersuchen. Geeignete Proben für derartige Untersuchungen lassen sich jedoch nur schwer gewinnen, weil folgende Voraussetzungen erfüllt sein müssen: Zum einen soll zwischen den gefügeprägenden Ereignissen ein ausreichend großer zeitlicher Abstand bestehen, und zum anderen müssen die Isotopenverhältnisse im Relikt größere Unterschiede aufweisen, damit sich die Auswirkung der Überprägung auch nachweisen läßt. Ferner muß sich der Gradient im Strain in irgendeiner Form quantitativ angeben lassen.

Eine Probe, die den genannten Voraussetzungen hinlänglich entspricht, wurde von Greshake (1993) untersucht. Es handelt sich um einen Scherkörper aus den Gneisen des südlichen Bayerischen Waldes (Abbildung 2.4). Ein etwa 20 cm großer Bereich mit reliktischem Gefügeinventar hebt sich deutlich von einer jüngeren blastomylonitisch überprägten Umgebung ab. Die Probe läßt eine Abfolge strukturprägender Phasen erkennen:

1. Entstehung eines Lagenbaus,
2. Bildung von wenigen subparallelen Quarz-Feldspat-Mobilisaten (M),

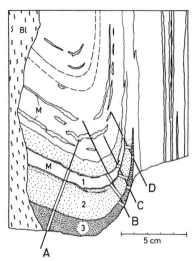

Abbildung 2.4: Skizze des Querschnitts durch einen Scherkörper in einem blastomylonitischen Gneis (Bl) aus dem Kristallin des südlichen Bayerischen Waldes. Der Scherkörper besteht aus einem Lagengneis mit anatektischen Mobilisaten (M). Die Lagen sind gegen eine Scherzone flexurartig verbogen. 1 bis 3: Gneislagen, deren Dickenabnahme als ein Maß für den Strain verwendet wurde. A – B: analysierte Kleinbereichsprofile.

3. Bildung einer Scherzone mit teilweiser Transposition des Lagenbaus (Entstehung der Flexur),
4. statische Temperung,
5. Entstehung diskreter Scherzonen bei der Abkühlung mit Rekristallisation von Quarz und Feldspat,
6. bruchhafte Verformung.

Die Phasen 2 bis 4 gehören in Anlehnung an Blümel (1983) vermutlich zu einer Druckentlastung von 8 bis 10 kbar auf 3 bis 4.5 kbar bei Temperaturen oberhalb 600°C. Die Lage der analysierten Kleinbereichsprofile ist mit A bis D gekennzeichnet. Zur Korrelation des Strains mit der Isotopenverteilung wurde die Dicke der Lagen 1 bis 3 an den Stellen der Profile gemessen.

In Abbildung 2.5 sind die $^{87}Sr/^{86}Sr$-Verteilungen für die Zeit der besten Glättung des Profils D vor etwa 300 Ma dargestellt. Der maximale Unterschied in den $^{87}Sr/^{86}Sr$-Verhältnissen des jeweiligen Profils ist als $\Delta(^{87}Sr/^{86}Sr)$-Wert angegeben. Aus dem Diagramm geht eine deutliche Korrelation der isotopischen Angleichung mit der Zerscherung hervor. Die anschließende statische Temperung war auch hier, ähnlich wie im Fall der Abbildung 2.3, nicht in der Lage, in erkennbarem Umfang eine weitere Homogenisierung der Isotopenverhältnisse zu bewirken. Um eine Isotopenverteilung zu erreichen, die angenähert einer Isochrone entspricht, mußte in diesem Fall die Dicke der Lagen durch die Zerscherung auf weniger als 30% reduziert werden. Es bleibt durch weitere

2.3 Untersuchungen zur Anwendbarkeit geochronologischer Methoden

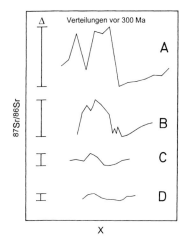

Abbildung 2.5: Zunahme der „Glättung" der $^{87}Sr/^{86}Sr$-Verteilungen beim Übergang von Profil A nach D in Abbildung 2.4.

Untersuchungen zu klären, inwieweit dieses Ergebnis als ein gewisser Richtwert für vergleichbare Gesteine gelten kann.

2.3.2 Einfluß wasserreicher fluider Phasen auf die Isotopenverteilung in Gesteinen

Der Einfluß wasserreicher Fluide im Zusammenhang mit retrograden Überprägungen ist in vielen Magmatiten und Gesteinen der ausklingenden Regionalmetamorphose erkennbar. Die quantitative Bewertung oder auch nur ungefähre Abschätzung ihrer verändernden Wirkung auf die Isotopenverteilung des Strontiums der Gesteine ist jedoch schwierig, wenn man von der Datierung dabei gebildeter Minerale wie z.B. Hellglimmer absieht.

Bei der Altersbestimmung metamorpher Gesteine mit der Rb-Sr-Methode im ZLG wurde deutlich, daß man zwei Arten der Beeinflussung von Sr-Isotopenverteilungen durch wasserreiche Fluide unterscheiden kann. Bei der einen werden größere Gesteinsvolumina anscheinend mehr oder weniger vollständig homogenisiert, während bei der anderen nur an den Stellen erkennbare Veränderungen der Isotopenverhältnisse auftreten, an denen es z.B. durch gleichzeitig transportiertes Kalium und Rubidium zu metasomatischen Reaktionen mit dem Gestein kommt.

Beispiele für den ersten Fall liegen in den Paragneisen und Migmatiten vor, welche durch die Forschungstiefbohrung des KTB in größerer Teufe angetroffen wurden. Die Gneise haben ihre letzte Prägung bei Bedingungen der Amphibolitfazies vor etwa 380 bis 390 Ma erhalten, was mit zahlreichen K-Ar- und Ar-Ar-Datierungen von Amphibolen (Kreuzer et al. 1993) und U-Pb-Datierungen akzessorischer Monazite (Teufel 1988) belegt ist. Ein wichtiges Datum für ein Minimalalter dieser Metamorphose ist außerdem durch grobe Muscovite aus einem Pegmatitgang gegeben, für die Kreuzer et al. (1993) ein Ar-Ar-Plateau-Alter von 374.5±1.3 Ma ermittelt haben. Der Pegmatit durchschlägt die Gneise und ist selbst nicht mehr deformiert worden. In diesen Gneisen wurden im Karbon, und somit lange nach der amphibolitfaziellen Überprägung, aber noch vor dem Einsetzen bruchhafter Verformung, die $^{87}Sr/^{86}Sr$-Verhältnisse über größere Abschnitte des Teufenprofils deutlich aneinander angeglichen und bereichsweise nahezu homogenisiert. Abbildung 2.6b zeigt die Datenpunkte für die Gesamtgesteinsscheiben eines Kleinbereichsprofils durch einen migmatischen Paragneis aus 3437 m Teufe der KTB-Vorbohrung. Genaugenommen liegen nicht alle Punkte auf einer Isochrone, was im Profildiagramm der Abbildung 2.6a noch besser zu erkennen ist. Sie streuen aber nur wenig um eine Ausgleichsgerade, deren Steigung einem Alter von 315 Ma entspricht. Die größere Abweichung einiger Punkte könnte durch die stellenweise erkennbare stärkere Umwandlung von Biotit zu Chlorit zu einem noch späteren Zeitpunkt bedingt sein.

Kleinbereichsprofile mit ähnlicher Altersinformation finden sich in verschiedenen Teufenbereichen, so daß kaum Zweifel besteht, daß in den Isotopenverteilungen ein karbonisches Ereignis zum Ausdruck kommt. Da in diesem Fall keine Deformation und Rekristallisation unter Bedingungen einer HT-Metamorphose in Frage kommt, muß hier ein anderer Mechanismus bei der Angleichung der Isotopenverhältnisse wirksam gewesen sein. Tatsächlich zeigen die Gneise im Dünnschliff Auswirkungen einer starken Fluideinwirkung, die sich in unzähligen Fluideinschlüssen in Quarzen und Feldspäten zu erkennen gibt. Nach den bisherigen Untersuchungen sind es in erster Linie die Minerale Biotit und Feldspat, in denen sich die isotopische Angleichung des Strontiums vollzogen hat. Diese Beobachtung ist in Einklang mit den Ergebnissen und Schlußfolgerungen aus $\delta^{18}O$-Bestimmungen durch Simon und Hoefs (1993), wonach die Isotopenverhältnisse des Sauerstoffs unter Gleichgewichtsbedingungen in den leichter austauschenden Phasen Biotit, Chlorit und Feldspat bei Temperaturen von 300 bis 400 °C eingestellt wurden, während die $\delta^{18}O$-Werte für Muscovit und Amphibole noch den maximalen Temperaturen der Metamorphose bei ca. 600 °C entsprechen. Treibende Kraft für den Fluidtransport könnte sehr wohl die Wärme gewesen sein, die von den im Oberkarbon aufgedrungenen Graniten ausging.

In Abschnitten, in denen die Biotite vollständig oder nahezu vollständig in Chlorit umgewandelt wurden, oder in denen bruchhafte Verformung auftritt, sind die karbonischen Isotopenverteilungen nicht mehr erhalten.

2.3.3   Interpretation von U-Pb-Altern akzessorischer Monazite

U-Pb-Isotopenanalysen akzessorischer Monazite aus Magmatiten und Metamorphiten im Rahmen mehrerer Projekte haben, wie auch Untersuchungen vieler anderer Autoren, weit überwiegend konkordante U-Pb-Alter ergeben.

2.3 Untersuchungen zur Anwendbarkeit geochronologischer Methoden

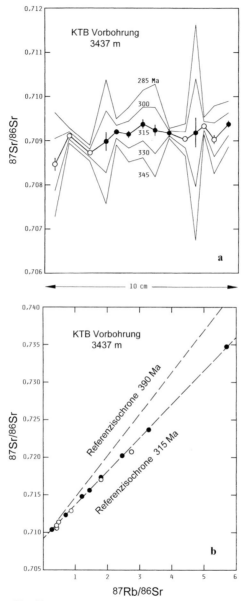

Abbildung 2.6: a) ^{87}Sr/^{86}Sr-Profildiagramm mit den Daten eines Kleinbereichsprofils durch einen migmatischen Paragneis aus der KTB-Vorbohrung. Die Daten von Gesteinsscheiben, in denen Biotit vermehrt in Chlorit umgewandelt wurde (weiße Punkte), weichen stärker von einer glatten Verteilung ab. b) Isochronendiagramm für die Daten aus a). Die Referenzisochrone von 390 Ma bezieht sich auf die letzte HT-Metamorphose.

Diskordante Alter mit linearer Anordnung der Datenpunkte im Concordia-Diagramm sind im Gegensatz zu den Ergebnissen für akzessorische Zirkone sehr selten. Bei den im Lauf der Jahre im ZLG untersuchten Proben fand sich bislang nur ein Gestein mit linear korrelierten diskordanten Monazitdaten (Abbildung 2.7). Die Tatsache, daß für dieses Mineral nahezu immer konkordante U-Pb-Alter erhalten werden, machen den Monazit zu einem besonders ausgezeichneten Werkzeug der Geochronologie, weil die zusätzliche Unsicherheit der Aussage hier entfällt, wenn das geologisch bedeutsame Alter, wie bei vielen Zirkonen, durch Extrapolation diskordanter U-Pb-Daten ermittelt werden muß.

Während bei Magmatiten die Interpretation konkordanter U-Pb-Monazitalter als Zeit der Kristallisation des Minerals bzw. des Gesteins kaum angezweifelt wird, bestehen bei der Deutung der Monazitalter aus regionalmetamorphen Gesteinen noch immer gegensätzliche Meinungen. Der Interpretation als Zeitpunkt der primären Kristallisation oder metamorphen Rekristallisation (von Quadt und Gebauer 1993) stehen Auffassungen gegenüber, wonach die U-Pb-Alter der Schließung der U-Pb-Systeme bei Temperaturen von 530 °C (Wagner et al. 1977) oder 650 bis 700 °C (Copeland et al. 1988; Parrish 1988) entsprechen. Tatsächlich müssen in polymetamorphen Gneisgebieten, wie z.B. im Moldanubikum des Schwarzwalds und des Bayerischen Waldes, bereits vor der letzten Metamorphose geeignete Bedingungen für die Kristallisation von Monazit bestanden haben, obwohl die bekannten U-Pb-Monazitalter ausschließlich das letzte Ereignis widerspiegeln. Dies scheint auf den ersten Blick

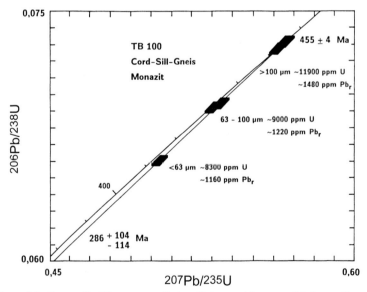

Abbildung 2.7: Concordia-Diagramm mit den Datenpunkten verschiedener Korngrößenfraktionen einer Monazitprobe von Waidhaus, Bayerische Oberpfalz (aus: Teufel 1988).

2.3 Untersuchungen zur Anwendbarkeit geochronologischer Methoden

mit der Vorstellung einer Schließungstemperatur, die bei der letzten Metamorphose nochmals überschritten wurde, im Einklang zu sein. Bei weiterer Überlegung ergeben sich jedoch gewichtige Argumente gegen die generelle Gültigkeit von Abkühlaltern und die Einführung einer Schließungstemperatur für die Bleidiffusion in Monazit:

- Die Seltenheit des Auftretens diskordanter U-Pb-Alter spricht gegen Volumendiffusion als dem wesentlichen Mechanismus für den Bleiverlust. Jedenfalls fällt auf, daß in Übergangszonen zwischen Bereichen einer älteren und jüngeren Metamorphose keine systematisch reduzierten Alterswerte auftreten, wie sie u.a. für die Rb-Sr- und K-Ar-Systeme von Glimmern, aber auch für die U-Pb-Systeme in Zirkonen aus vielen Kristallingebieten bekannt sind. Hingegen fanden sich in Paragneisen der KTB-Vorbohrung im Abstand von nur 60 m Monazite mit deutlich verschiedenen, konkordanten Altern von 380 und 476 Ma.

- Für die Konzentration des initialen oder gewöhnlichen Bleis in Monaziten polymetamorpher Gneise wurden Werte bis zu 15 ppm bestimmt. Derart hohe Gehalte sind schwerlich mit der Vorstellung in Einklang zu bringen, daß beim Überschreiten einer Schließungstemperatur das Blei vollständig aus dem Kristall entweicht.

Da Monazit neben den Spurenelementen Uran, Thorium und Blei mit Samarium und Neodym noch ein weiteres Zerfallssystem enthält, und zwar in Form von Hauptelementen bis zu 10 Gew.-%, lassen sich aus den Analysendaten und dem unterschiedlichen Verhalten der beiden Systeme gewisse Hinweise zur Frage der Entstehung des Monazits gewinnen. Die im folgenden mitgeteilten Ergebnisse wurden mit Proben aus metatektischen Biotit-Sillimanit-Cordierit-Gneisen des Bayerischen Waldes erhalten. Sie stammen von den Lokalitäten Eck und Brennes des Arber-Kaitersbergzuges und liegen nach Blümel (1983) in der Cordierit-Kalifeldspat-Zone der variszischen LP-HT-Metamorphose.

Die U-Pb-Alter sind in beiden Fällen konkordant (Abbildung 2.8a) und stimmen mit den Altern der zugehörigen Rb-Sr-Kleinbereichsisochronen überein (Abbildung 2.8b). Obwohl die analysierten Monazite der Probe Eck ausschließlich aus einem kleinen Paläosombereich abgetrennt wurden, ergeben sich keine Hinweise auf eine ältere Monazitkomponente. Die erhaltenen Alterswerte entsprechen offenbar der Isotopenneuverteilung während des letzten HT-Ereignisses, in das auch die Entstehung der Teilschmelzen fällt. Bezieht man jedoch die Ergebnisse der in Abbildung 2.8c wiedergegebenen Sm-Nd-Analysen in die Überlegungen mit ein, so fällt auf, daß während der letzten HT-Metamorphose beim Neodym keine Homogenisierung der Isotopenverhältnisse zwischen Monazit und den anderen Phasen erfolgte. Dies könnte durch die hohen Nd-Konzentrationen im Monazit und zu geringe Diffusionsgeschwindigkeiten bedingt sein. Wichtiger ist jedoch die Schlußfolgerung, die sich hieraus ergibt, nämlich, daß das Neodym schon früher als vor 325 Ma im Monazit konzentriert gewesen sein muß. Andernfalls hätte sich bei der Zusammenfüh-

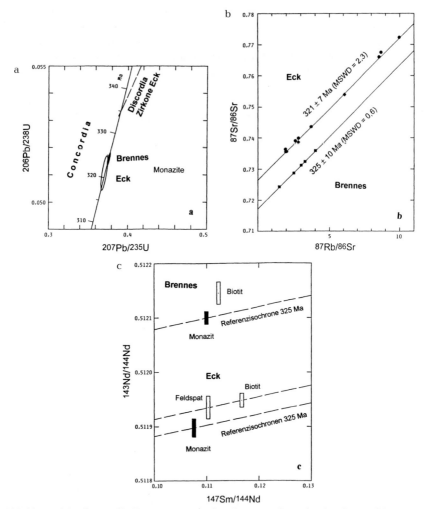

Abbildung 2.8: Concordia-Diagramm mit den Datenpunkten konkordanter Monazitproben (a), Rb-Sr-Kleinbereichsisochronen (b) und Sm-Nd-Isotopendaten für Minerale (c) metatektischer Biotit-Sillimanit-Cordierit-Gneise des Bayerischen Waldes, Lokalitäten Eck und Brennes, Arber-Kaitersbergzug.

rung des Elements bei der Bildung der Kristalle (sie finden sich überwiegend als Einschlüsse in Glimmern) eine bessere isotopische Angleichung mit dem Neodym der anderen Phasen ergeben müssen.

Die Gesamtheit der Beobachtungen und Überlegungen läßt sich am besten mit einem Modell der „Umkristallisation" oder „Rekristallisation" des Monazits bei hohen Temperaturen in Einklang bringen, wie es von Quadt und Ge-

2.3 Untersuchungen zur Anwendbarkeit geochronologischer Methoden

bauer (1993) für möglich halten. Bei diesem Prozeß könnte das bis dahin gebildete radiogene Blei vollständig auswandern. Es würde erneut eine kleine Menge des Bleis der Umgebung als initiales Blei eingebaut, während das Neodym wegen der hohen Konzentration im Monazit sein Isotopenverhältnis vermutlich nur unvollständig an das der Umgebung angleichen könnte.

2.3.4 Homogenitätsbereiche und „Trennwände" für den Isotopenaustausch

Ein grundsätzliches Problem, das bei Isotopenuntersuchungen kogenetischer Gesamtgesteinsbereiche auftaucht, ist die Frage nach der Größe der isotopischen Homogenitätsbereiche sowie deren Zuordnung zu geologischen Prozessen. Sie stellt sich sowohl bei der Altersbestimmung, wenn es darum geht, die Probengröße und die Orte der Probengewinnung festzulegen, als auch bei Überlegungen zu Art, Umfang und Reichweite des geochemischen Transports in festen Gesteinen und Schmelzen.

Es ist seit langem und aus vielen Untersuchungen bekannt, daß sich Marmore, sedimentogene Amphibolite und Kalksilikatgesteine in ihrer Strontiumisotopie meist deutlich von begleitenden Metapsammiten und Metapeliten sowie von einem Großteil der Metamagmatite unterscheiden. Sie bewahren bei der Regionalmetamorphose, aber auch als Xenolithe in magmatischen Schmelzen, weitgehend ihre Isotopensignatur und erfahren meist nur randlich im metasomatischen Kontaktbereich eine Veränderung von geringer Eindringtiefe. Diese allgemeine Erkenntnis hat sich auch bei den Untersuchungen im Rahmen mehrerer Projekte im ZLG bestätigt. Überraschend war jedoch die Feststellung, daß die Dicke von Marmor- und Kalksilikatlagen nur wenige Millimeter betragen muß, um den Isotopenaustausch erheblich zu behindern oder sogar völlig zu unterbinden. Die Lagen verhalten sich demnach stellenweise wie „Trennwände" zwischen isotopischen Homogenitätsbereichen. In den Kapiteln 2.4.1 und 2.4.2 werden Beispiele hierzu mitgeteilt. Es stellt sich somit die Frage, inwieweit langaushaltende Marmor-, Paraamphibolit- und Kalksilikatlagen im Sedimentstapel, aber auch basische Gänge in Gneiskomplexen bei späterer gemeinsamer Metamorphose den Stofftransport im allgemeinen und den Isotopenaustausch von Strontium im besonderen unterbinden können. Die Verwendung von Proben aus Bereichen beiderseits einer derartigen „Trennwand" für eine gemeinsame Isochronenberechnung ist aufgrund der bisherigen Beobachtungen genaugenommen nicht gerechtfertigt. Dies wird in vielen Fällen nicht auffallen, weil die Mittelwerte der geochemischen und isotopengeochemischen Daten auf beiden Seiten nur geringfügig voneinander abweichen; bei genauerer Betrachtung zeigt sich jedoch, daß Unterschiede in den initialen $^{87}Sr/^{86}Sr$-Verhältnissen in der Größenordnung von 0.001 bis 0.002 wahrscheinlich keine Seltenheit sind.

Die fehlende oder nur sehr geringe zeitliche Änderung der $^{87}Sr/^{86}Sr$-Verhältnisse in Marmor- und Kalksilikatlagen ist auf geringe Selbstdiffusion von Strontium in den beteiligten Mineralen und den nur unbedeutenden radiogenen Zuwachs zurückzuführen. Dies hat den Effekt, daß sich die Isotopenverhältnisse in diesen Gesteinen wie feste Bezugsgrößen verhalten. Es ist somit in einigen Fällen möglich, die Änderung in benachbarten Metasedimenten auf diese Lagen zu beziehen und ein zusätzliches Kriterium für die Unterscheidung zwischen möglichen und scheinbaren Isotopenverteilungen in Profildiagrammen zu erhalten. Abbildung 2.9 zeigt fünf berechnete ^{87}Sr/^{86}Sr-Verteilungen für ein Profil durch eine Marmorlage aus der Bunten Einheit (varied unit) der KTB-Vorbohrung. Zieht man in Betracht, daß die initialen ^{87}Sr/^{86}Sr-Verhältnisse in sedimentären Kalksteinen in den allermeisten Fällen niedriger als in begleitenden Tongesteinen und silikatisch-klastischen Sedimenten sind, so entsprechen die berechneten Profile, bei denen Punkte für Gneise unterhalb des Punktes für die Marmorlage zu liegen kommen, sehr wahrscheinlich nur scheinbaren Verteilungen. Daraus ergibt sich für den vorliegenden Fall, daß der Prozeß der letzten Isotopenneuverteilung für Strontium nicht mehr als ungefähr 340 Ma zurückliegt.

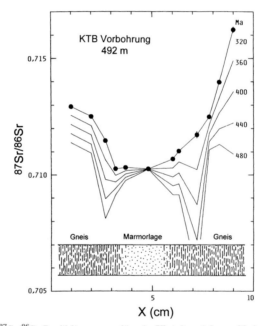

Abbildung 2.9: ^{87}Sr/^{86}Sr-Profildiagramm für ein Kleinbereichsprofil durch eine Marmorlage aus der KTB-Vorbohrung mit berechneten Verteilungen für die Zeit von 320 bis 480 Ma. Die letzte Neuverteilung der Strontiumisotope ist nicht älter als etwa 340 Ma. Die für höhere Alter berechneten Werte gehören zu scheinbaren Verteilungen.

2.4 Untersuchungen zu geochronologischen Fragestellungen einiger ausgewählter Gebiete

2.4.1 Charnockite Südindiens

Das Projekt hat sich aus einer Zusammenarbeit mit Prof. M. Raith, Bonn, ergeben. Es wurde zunächst im Rahmen einer Dissertation (Buhl 1987) bearbeitet und anschließend durch Sm-Nd-Isotopenanalysen und Elektronenstrahlmikrosonde-(EMS-)Analysen der Mineralchemie ergänzt. Die Untersuchungen haben einen Beitrag zum Alter der granulitfaziellen Metamorphose in den Unterkrustengesteinen des südindischen Kratons im südlichen Karnataka, S' und E' von Mysore (ca. 76°30″E, 12°30″S) sowie im südlichen Kerala, NE' von Trivandrum (ca. 77°E, 07°30″S) nahe dem Südende des Subkontinents erbracht.

Geologischer Überblick

In der archaischen Kruste Südindiens ist von Norden nach Süden ein allgemeiner Anstieg des Metamorphosegrades von der Grünschieferfazies bis zur Granulitfazies festzustellen. Dies ist u.a. das Ergebnis komplexer tektonischer Bewegungen, welche zusammen mit der Hebung und Erosion im Süden Krustengesteine aus 25 bis 30 km Tiefe an die Oberfläche gebracht haben (Raith et al. 1983). Der nördliche Teil des Kratons besteht aus archaischen Gneisen und Migmatiten, die zusammen als Peninsular-Gneis bezeichnet werden. Dazu kommen plutonische Gesteine von tonalitischer bis granodioritischer Zusammensetzung. Die älteste datierte Komponente besteht aus weitverbreiteten grauen, tonalitischen Gneisen mit einem Alter von rund 3.3 Ga (Beckinsale et al. 1980, 1982).

Der überwiegend unter Bedingungen der Granulitfazies geprägte südliche Teil des Kratons ist durch Gesteine der Charnockit-Khondalit-Serien gekennzeichnet. Untersuchungen durch Raith et al. (1983) ergaben für die Kernbereiche zonierter Minerale P-T-Werte von 6.5 bis 9.5 kbar und 730 bis 800°C, die dem Höhepunkt der Granulitmetamorphose nahekommen. Die Daten der Randbereiche entsprechen Stadien retrograder Überprägung noch bei hohen Drücken. Der Komplex wurde während einer oder mehrerer, vermutlich proterozoischer Deformationsphasen entlang von E-W- und NE-streichenden Scherzonen in verschiedene Segmente zerlegt.

Zwischen dem archaischen Gneiskomplex im Norden und dem eigentlichen Charnockitgebiet im Süden liegt eine 50 bis 100 km breite Übergangszone, in der alle Stadien der granulitfaziellen Überprägung beobachtet werden können. Aus ihr stammen die Proben für die Untersuchungen zum unterschiedlichen Verhalten von Strontium und Neodym. Die Bildung von orthopyroxenführenden Gesteinen geschah hier nicht entlang einer klar sichtbaren Front, sondern vollzog sich fleckenartig und in sehr wechselhaftem Umfang teils isoliert, teils entlang von erkennbaren Bewegungsbahnen. Das Charnockit-Khondalit-Gebiet des südlichen Kerala gehört trotz seines ähnlichen Erscheinungs-

2 Das „Zentrallaboratorium für Geochronologie" (ZLG) in Münster

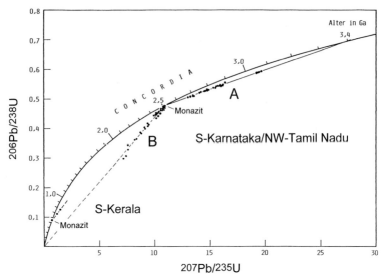

Abbildung 2.10: Concordia-Diagramm mit den U-Pb-Isotopendaten akzessorischer Zirkone und Monazite aus dem südindischen Kraton. A: Zirkone mit 3.3 bis 3.4 Ga alten Komponenten, B: vor etwa 2.5 Ga neu gebildete Zirkone (aus: Buhl 1987).

bildes nicht zu den Charnockiten und Khondaliten des südlichen Karnataka. Die Granulitmetamorphose ist hier ca. 2 Ga später erfolgt oder zu Ende gegangen.

U-Pb-Altersbestimmungen mit Zirkon und Monazit

Für die Datierung wurden akzessorische Zirkone und Monazite aus Gesteinen der Übergangszone von Amphibolit- zur Granulitfazies sowie aus den Charnockit-Gebieten im engeren Sinne gewählt. Das Concordia-Diagramm in Abbildung 2.10 gibt einen Überblick über die gewonnenen Daten. Die konkordanten Datenpunkte der Monazite markieren am besten die Alter der regionalen Metamorphose in den beiden Gebieten: ca. 2.51 Ga in Karnataka/Tamil Nadu und 550 bis 560 Ma im südlichen Kerala. Die Zirkone der beiden Struktureinheiten sind, von wenigen Proben aus den Charnockit-Kerngebieten abgesehen, in unterschiedlichem Grade diskordant. Sie bilden für das Gebiet von Karnataka/Tamil Nadu zwei Gruppen (A und B), deren Punkte sich in erster Näherung jeweils entlang einer Diskordia anordnen. Sie reflektieren die ungefähren Alter der wichtigsten Ereignisse. Gleichzeitig führen sie ein generelles Problem der Interpretation diskordanter U-Pb-Zirkondaten vor Augen, auf das noch eingegangen werden soll.

Die Zirkone der Gruppe A enthalten Komponenten, die das älteste erkennbare Ereignis in den Gesteinen mit einem Alter von 3.3 bis 3.4 Ga widerspiegeln. Ihre Datenpunkte sind teils durch episodischen Bleiverlust, teils durch Neubildung von Zirkonsubstanz während der Metamorphose in Rich-

2.4 Untersuchungen zu geochronologischen Fragestellungen einiger Gebiete

tung auf den Schnittpunkt der Diskordia bei 2.5 Ga verschoben. Zur Gruppe B gehören Zirkone, die vor etwa 2.5 Ga in Magmatiten kristallisierten, sowie die typischen ellipsoidisch bis kugeligen Zirkone aus den Charnockiten, die während der granulitfaziellen Metamorphose nach Auflösung älterer Zirkone anscheinend völlig neu gebildet wurden. Sie gruppieren sich um eine Diskordia, die in erster Näherung von 2.5 Ga aus auf den Koordinatenursprung verläuft, dem jedoch kein erkennbares geologisches Ereignis zugeordnet werden kann. Diese Feststellung zielt auf das bereits angedeutete Problem.

Die Zirkone der Gruppen A und B enthalten beide Zirkonsubstanz, die vor etwa 2.5 Ga kristallisierte, in A in unterschiedlichen Anteilen, in B ausschließlich oder nahezu zu 100%; aber nur Zirkone der Gruppe B zeigen eine klare Verschiebung in Richtung auf den Koordinatenursprung bzw. auf ein junges Ereignis. Dies ist eine Beobachtung, die in vielen Untersuchungen gemacht wurde und die ganz allgemein auf unterschiedliche Anfälligkeit der Kristalle gegen Bleiverlust zurückzuführen ist, für die sich aber im Einzelfall nur schwer eine konkrete Erklärung geben läßt. Der Effekt läßt sich bei den „anfälligen" Zirkonen durch unsachgemäße Aufbereitungsverfahren erheblich verstärken, was die Frage aufwirft, inwieweit hier Artefakt und rezente natürliche Störung der Systeme zusammenkommen. Im vorliegenden Fall liegen die wichtigen Ereignisse zeitlich weit auseinander, und die Datenpunkte der beiden Gruppen unterscheiden sich deutlich. Wenn die Ereignisse jedoch näher zusammenrücken und sich die Unterschiede im Verhalten der Zirkone gegenüber Bleiverlust verwischen, entstehen Verteilungen, bei denen sich die Unsicherheit der Altersaussage nur schwer abschätzen läßt. Man kann hieraus nochmals ersehen, welche besondere Bedeutung dem Monazit für die Altersbestimmung zukommt.

2.4.2 Gebänderte Metasedimente Nordwestargentiniens

Geologischer Überblick

In den pampinen Sierren NW-Argentiniens treten in regionaler Verbreitung polymetamorphe metasedimentäre Bänderschiefer und Bändergneise auf, die sich aus präkambrischen bis frühkambrischen Grauwacke-Pelit-Abfolgen entwickelt haben. Miller und Willner (1981) und Willner (1983a, b) unterscheiden sechs Phasen der Deformation und vier Phasen regionaler Metamorphose, von denen D2 und D3 bzw. M2 und M3 am meisten in Erscheinung treten. Die Bänderung kommt durch eine gut ausgeprägte Trennung in quarz-feldspatreiche und glimmerreiche Lagen von weniger als 1 mm bis zu einigen Zentimetern Dicke zustande. Sie hat sich nach Miller und Willner (1981) durch metamorphe Differentiation während D2/M2 entwickelt. In der Sierra de Ancasti (65°30''W, 29°00'' bis 29°30''S), 180 bis 240 km südlich von Tucuman, wurde während der synkinematischen Metamorphose M2 Biotit und Granat gebildet. Staurolith, Cordierit und Sillimanit entstanden während der späteren syn- bis postkinematischen Metamorphose M3, die im Westen der Sierra de Ancasti Temperaturen der partiellen Anatexis erreicht hat.

2 Das „Zentrallaboratorium für Geochronologie" (ZLG) in Münster

Eine hohe Variation der Rb/Sr-Verhältnisse auf kurze Distanz, bedingt durch die stoffliche Differentiation, ein zeitlicher Abstand zwischen M2 und M3 von ungefähr 100 Ma und die regionale Zunahme des Metamorphosegrades von M3 in der Sierra de Ancasti machen die Bänderschiefer und Gneise zu einem besonders geeigneten Studienobjekt für das Verhalten der Rb-Sr-Systeme bei metamorpher Überprägung. Die Ergebnisse finden sich in den Arbeiten von Knüver (1981), Knüver und Miller (1981, 1982), Bachmann (1985), Bachmann et al. (1985) und Bachmann und Grauert (1986).

Das Verhalten der Rb-Sr-Systeme in Kleinbereichsprofilen

Die Rb-Sr-Analysen von Mineralen und Kleinbereichsprofilen sowie U-Pb-Analysen akzessorischer Zirkone und Monazite haben zwei Gruppen von Altern ergeben (Abbildung 2.11).

Die höheren Werte zwischen 540 und 580 Ma werden mit M2 und die niedrigeren Werte von 430 bis 470 Ma mit M3 korreliert. Im Bereich der partiellen Aufschmelzung ergaben die Kleinbereichsanalysen gut definierte Isochronen (Abbildung 2.12a), deren Alterswerte zusammen mit den Ergebnissen der U-Pb-Analysen (Abbildung 2.12b) die Anatexis mit 450 bis 470 Ma datieren. Hingegen ist zwischen Staurolith- und Sillimanit-Isograd die Angleichung der

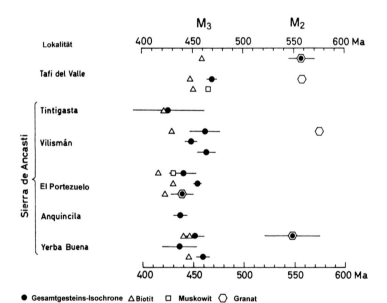

Abbildung 2.11: Übersicht über Rb-Sr-Altersbestimmungen. Die beiden Altersgruppen werden mit den Metamorphosen M2 bzw. M3 korreliert. Die Lokalität Tafí del Valle befindet sich ca. 180 km N' der Sierra de Ancasti. Die Altersangaben für Granat wurden über die Gesamtgesteinsisochronen oder mit dem jeweiligen System Granat-Gesamtgestein berechnet (aus: Bachmann 1985).

2.4 Untersuchungen zu geochronologischen Fragestellungen einiger Gebiete

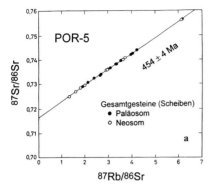
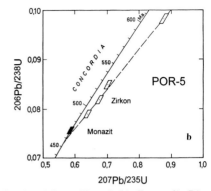

Abbildung 2.12: (a) Rb-Sr-Isochrone für ein Kleinbereichsprofil und (b) Concordia-Diagramm mit U-Pb-Daten akzessorischer Zirkone und Monazite aus den Anatexiten der Metamorphose M3 (aus: Bachmann 1985).

Sr-Isotopenverhältnisse noch sehr unvollständig, obwohl die Gesteine fast ausnahmslos eine gute postdeformative Rekristallisation aufweisen. Als grober Anhalt lassen sich zwei Arten von $^{87}Sr/^{86}Sr$-Verteilung in den Kleinbereichsprofilen unterscheiden: a) „geglättete" Profile, die jedoch mehr oder weniger steile Gradienten aufweisen, und b) Profile mit unterschiedlich breiten, homogenen Bereichen mit zum Teil abrupten Übergängen.

Die Abbildungen 2.13a und 2.13b zeigen die Daten für ein Beispiel erster Art in einem insgesamt 5,5 cm langen Profil. Die beträchtliche Abweichung einzelner Punkte von der Referenzisochrone macht bereits deutlich, daß die Berechnung eines Isochronenalters, wenn man zunächst von den Punkten für die Granate absieht, nicht gerechtfertigt ist. Tatsächlich ergibt sich für die beste Glättung der $^{87}Sr/^{86}Sr$-Verteilung im Profildiagramm ein Alter von ca. 460 Ma, ein Wert, nahezu um 100 Ma niedriger als der Alterswert der Referenzisochrone. Diese ist allerdings in diesem besonderen Fall nicht gänzlich ohne geologische Bedeutung, weil sie unter Einbeziehung der Punkte für die Granatfraktionen aus den Scheiben 7 und 8 berechnet wurde. Der Granat hat bei der Metamorphose M3 offensichtlich seine Isotopensignatur bewahrt, während die $^{87}Sr/^{86}Sr$-Verhältnisse der Gesamtgesteinsscheiben eine teilweise, das Profil glättende Angleichung erfahren haben.

Deutlich anders sieht die $^{87}Sr/^{86}Sr$-Verteilung der zweiten Art aus (Abbildung 2.14). Hier finden sich mehr oder weniger homogene Abschnitte, die über schmale Bereiche (A bis C) mit abrupten Änderungen aneinandergrenzen. Bei A und B handelt es sich um 3 bis 5 mm dicke Lagen mit kalksilikatischer Tendenz. Bei C liegt möglicherweise ein tektonisch bedingter Sprung vor. Die Kalksilikatlagen haben sich, trotz der geringen Mächtigkeit, auch hier als schlecht durchlässige Zonen für den Isotopenaustausch erwiesen. Eine Zeit für die beste Glättung des Gesamtprofils kann man im vorliegenden Fall kaum angeben. Die noch am besten geeigneten Abschnitte lassen jedoch erkennen, daß die teilweise isotopische Angleichung in den Zeitraum von 440 bis 470 Ma fällt.

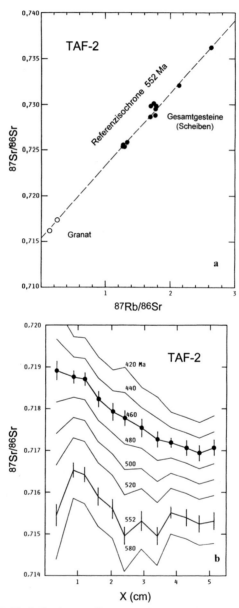

Abbildung 2.13: a) Rb-Sr-Isochronendiagramm für ein Kleinbereichsprofil durch einen gebänderten Gneis aus der Staurolith-Zone (M3). Das Alter der Referenzisochrone entspricht noch der Metamorphose M2. b) $^{87}Sr/^{86}Sr$-Profildiagramm für die Daten von a). Die Isotopenverteilung läßt eine Glättung des Profils vor ca. 460 Ma erkennen (M3) (aus: Bachmann 1985).

2.4 Untersuchungen zu geochronologischen Fragestellungen einiger Gebiete

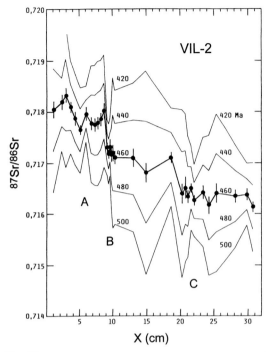

Abbildung 2.14: ^{87}Sr/^{86}Sr-Profildiagramm für ein Kleinbereichsprofil durch einen gebänderten Gneis mit zwei dünnen Kalksilikatlagen (A und B) und einer möglicherweise tektonisch bedingten Diskontinuität bei C. Staurolith-Zone der Metamorphose M3 (aus: Bachmann 1985).

Die isotopische Angleichung der Granate

Der Almandin-reiche Granat in den Bänderschiefern und Bändergneisen enthält nur wenig Strontium. Die gemessenen Werte lagen in 13 Proben zwischen 1,7 und 7,3 ppm und nur in einer Probe bei 17 ppm. Erst im Granat aus einem Leukosomen der Metatexite wurden Werte von nahezu 60 ppm erreicht. Da der Granat, sofern überhaupt vorhanden, nur einen kleinen Anteil des Gesteins ausmacht, ist sein Beitrag zum Strontium und zur Sr-Isotopie der Gesamtgesteine vernachlässigbar. Die häufig klaren, gutgeformten, riß- und einschlußfreien Kristalle von 1 bis 2 mm Durchmesser eigneten sich deshalb gut für eine Untersuchung zum Isotopenaustausch zwischen Granat und Gestein mit zunehmendem Grad der Metamorphose und zur indirekten Datierung von M2 (Bachmann und Grauert 1986).

Die Elementverteilung im Granat der Staurolith-Zone entspricht zunächst einer Wachstumszonierung mit vom Kern zum Rand ansteigenden Fe- und Mg-Gehalten und abnehmenden Mn- und Ca-Gehalten. Beim Voranschreiten in Richtung zunehmender Metamorphose M3 stellen sich homogenisierte Elementverteilungen ein. Die Granate in den Leukosomen der Metatexite sind offenbar erst während M3 entstanden. Dieses Bild entspricht den Beobachtungen von Yardley (1977), wonach in der Staurolith/Sillimanit-Übergangszone bei Temperaturen um 640 °C durch gesteigerte Diffusion eine Homogenisierung der Elementverteilung erreicht wird.

Zwischen der Sr-Isotopie der Almandin-reichen Granate und den Vorstellungen zum Diffusionsverhalten der Hauptelemente besteht anscheinend kein Widerspruch. Aus Abbildung 2.13a kann man ersehen, daß die Strontiumdiffusion (Nettotransport und Selbstdiffusion) im Granat bei Temperaturen der Staurolith-Zone nicht ausreichte, um das $^{87}Sr/^{86}Sr$-Verhältnis an das des Gesamtgesteins anzugleichen. Bei Annäherung an die Sillimanitzone finden wir hingegen den Granat bereits zusammen mit den Gesamtgesteinsproben auf einer gemeinsamen Isochrone von 453 Ma (Abbildung 2.15). Allerdings wurde in diesem Fall der Granat noch nicht vollständig an die Isotopie der Gesamtgesteine angeglichen. Eine Analyse der Kerne, die durch Abschleifen der Kristalle auf etwa 10% ihres ursprünglichen Volumens reduziert wurden, ergab einen Datenpunkt, der deutlich unterhalb der verjüngten Isochrone liegt.

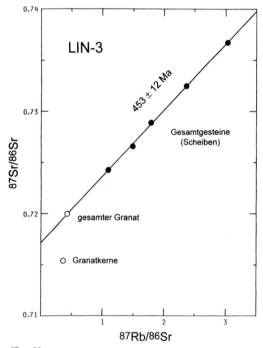

Abbildung 2.15: $^{87}Sr/^{86}Sr$-Isochronendiagramm für ein Kleinbereichsprofil durch einen Bändergneis der Staurolith-Zone (M3). Die $^{87}Sr/^{86}Sr$-Verhältnisse des vermutlich während M2 gebildeten Granats wurden während M3 an die Sr-Isotopie des Gesteins angeglichen. Die Kerne haben noch die Isotopensignatur aus der Zeit von M2 bewahrt.

2.4 Untersuchungen zu geochronologischen Fragestellungen einiger Gebiete

Die Untersuchungen sind für das weitläufige Gebiet lückenhaft, weil über große Strecken keine granatführenden Gesteine angetroffen wurden. Insbesondere ist die Korrelation mit petrologischen Daten unzureichend.

2.4.3 Gneise und Relikte einer HP-HT-Metamorphose im zentralen Schwarzwald

Ergebnisse strukturgeologischer und petrologischer Untersuchungen

Beginnend mit den Untersuchungen im Rahmen der Vorerkundung zu einer möglichen Forschungstiefbohrung im mittleren Schwarzwald sind neue Gesichtspunkte zur strukturellen, petrologischen und zeitlichen Entwicklung bekannt geworden, so daß sich heute ein Bild ergibt, das in wesentlichen Punkten von dem von einigen Jahren zuvor abweicht. Aufgrund strukturgeologischer Untersuchungen und der Interpretation seismischer Profile wird der zentrale Schwarzwälder Gneiskomplex jetzt als Teil eines moldanubischen Dekkenstapels gesehen, der durch variskische Konvergenzbewegungen über niedrig- bis mittelgradig metamorphe Gesteine des Saxothuringikums im Norden und über vulkano-sedimentäre Abfolgen und niedriggradige Metamorphite im Süden überschoben wurde (Eisbacher et al. 1989). Hanel und Wimmenauer (1990) unterscheiden eine untere Gneiseinheit, in der nur amphibolitfazielle Gesteine auftreten (LP-Einheit), von einer oberen Gneis- und Migmatiteinheit mit eklogitfaziellen Relikten (HP-Einheit). In ihr finden sich in größerer Zahl meist linsenförmige Körper unterschiedlicher Größe, die nach Klein und Wimmenauer (1994) Relikte hochdruckmetamorpher basischer Gesteine verkörpern (Abbildung 2.16). Sie liegen heute als eklogitogene Amphibolite vor. Straff foliierte, meist helle Granulitmylonite (unter granulitfaziellen Bedingungen mylonitisierte Gesteine), die an einigen Stellen wiederum kleinere basische eklogitogene Linsen enthalten, sind als Phacoide anscheinend entlang von Scherzonen erster Ordnung aufgereiht, die den zentralen Schwarzwälder Gneiskomplex über große Strecken durchziehen (Flöttmann 1988; Flöttmann und Kleinschmidt 1989).

Von verschiedenen Bearbeitern wird angenommen, daß die ehemaligen Eklogite und Granulitmylonite erst nach ihrer Prägung unter HP-HT-Bedingungen entlang tiefliegender Scherzonen in ihren heutigen Rahmen transportiert wurden. Allerdings finden sich auch in den Gneisen stellenweise Hinweise auf ein ehemaliges HP-Stadium (Wimmenauer und Stenger 1989). Hanel und Wimmenauer (1990) und Röhr (1990) halten es deshalb für möglich, daß Teile des Gneiskomplexes als ganzes ein HP-Stadium durchlaufen haben. Das Eklogitstadium und die Entstehung der Granulitmylonite sind aufgrund des Geländebefundes und petrologischer Überlegungen älter als die regional verbreitete Metablastese und Anatexis (Anatexis II der relativen zeitlichen Gliederung im Schwarzwald). Metablastite und Anatexite wurden später stellenweise noch bei hohen Temperaturen deformiert. Ein basisches Gestein bei Hohengeroldseck, das aufgrund des petrologischen Befundes nacheinander Stadien der Eklogit-,

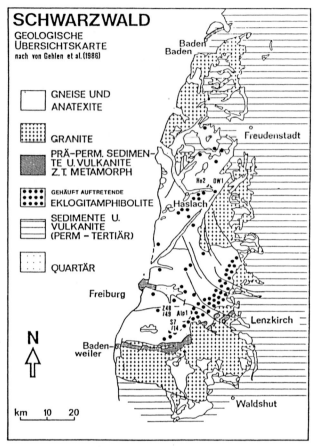

Abbildung 2.16: Geologische Übersichtskarte des Schwarzwalds nach: von Gehlen et al. (1986).

Granulit- und Amphibolitfazies durchlaufen hat, wurde von Hanel et al. (1993) durch Analyse einzelner Zirkone datiert. Die mit der Evaporationsmethode erhaltenen ^{207}Pb/^{206}Pb-Alter von 341±19 Ma werden von den Bearbeitern mit dem granulitfaziellen Stadium korreliert.

Die im ZLG durchgeführten Untersuchungen wurden von Prof. Wimmenauer und Prof. Schleicher, Freiburg i.Br., angeregt und hauptsächlich im Rahmen einer Dissertation durchgeführt (Kalt 1990; Kalt et al. 1994). Während der Untersuchungen, die zunächst die Datierung der HP-Metamorphose zum Ziel hatten, erschien es notwendig, auch die Frage nach dem Alter der Anatexis II sowie der späten Deformationen unter HT-LP-Bedingungen erneut zu stellen und eine Beantwortung zu versuchen (Werchau et al. 1989; Grauert et al. 1990).

2.4 Untersuchungen zu geochronologischen Fragestellungen einiger Gebiete

Altersbestimmung unterkarbonischer Metamorphosen

Daten, die als Beweis für die Entstehung von Anatexiten und HT-Myloniten im Unterkarbon, zumindest aber für die Existenz hoher Temperaturen zu dieser Zeit angesehen werden können, wurden durch Rb-Sr-Analysen von Kleinbereichsprofilen und U-Pb-Analysen akzessorischer Monazite erhalten. Ferner haben Sm-Nd-Analysen zum ersten Mal Hinweise auf ein karbonisches Alter für die eklogitfazielle Metamorphose der basischen Ausgangsgesteine der Eklogitamphibolite ergeben. Obwohl die Zahl der untersuchten Vorkommen noch klein ist, muß man aufgrund der vorliegenden Ergebnisse schließen, daß sich die karbonische metamorphe Entwicklung bzw. Überprägung präexistierender Metamorphite innerhalb einer kurzen Zeitspanne von maximal 10 Ma abgespielt hat. Die mit der Rb-Sr- und Sm-Nd-Methode erhaltenen Alterswerte stimmen gut überein und scheinen sich somit gegenseitig zu bestätigen. Bei genauerer Betrachtung ergeben sich jedoch im einzelnen derzeit noch nicht zu beantwortende Fragen, sowohl im Zusammenhang mit der eindeutigen Zuordnung der Isotopendaten zu den geologischen Prozessen als auch beim Vergleich mit den U-Pb-Systemen der akzessorischen Zirkone. Die Interpretation von Isotopendaten wird oftmals erleichtert, wenn die zur Verfügung stehenden Gesteinsproben verschiedene Stadien einer Entwicklung verkörpern und sich diese mit Änderungen in den Isotopendaten korrelieren lassen. Abbildung 2.17 zeigt ein von Flöttmann (1988) untersuchtes Phacoid aus einer der erwähnten Scherzonen erster Ordnung.

Der den Kern (K) bildende Granulitmylonit wurde zunächst in seinen Randbereichen von einer Metablastese überprägt. Rb-Sr-Isotopenanalysen an Gesamtgesteinen und die Datierung der Zirkone durch Hradetzky et al. (1990) haben ergeben, daß die Isotopenverteilung in den Granulitmyloniten auf Prozesse vor mehr als 450 Ma zurückgehen. Teile der Granulitmylonite und der metablastisch überprägten Bereiche sind später zusammen mit benachbarten Gneisen von einer HT-LP-Metamorphose erfaßt worden, welche die in

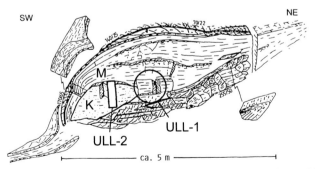

Abbildung 2.17: Aufschlußskizze eines Granulitphacoids im Ullersbachtal bei Hofstetten (aus Flöttmann 1988). Um einen Kern (K) aus teilweise metablastisch überprägtem Granulitmylonit legen sich strafflagige HT-Mylonite (M) einer Deformation D5. ULL-1 und ULL-2 kennzeichnen die Entnahmestellen der Kleinbereichsprofile.

Abbildung 2.17 mit M gekennzeichneten HT-Mylonite erzeugt hat. Diese wurden bereits von Flöttmann (1988) einer variszischen Deformation D5 zugeordnet.

Die Ergebnisse der Rb-Sr-Analysen zweier Kleinbereichsprofile konnten die Flöttmannsche Auffassung bestätigen. Die Datenpunkte des Profils ULL-1 durch den HT-Mylonit definieren eine Isochrone von 331±7 Ma (Abbildung 2.18 a). Das Profil ULL-2 durch den Granulitmylonitkörper ist jedoch komplex (Abbildung 2.18b). Dies läßt sich auf eine deutlich erkennbare mehrstufige Entwicklung zurückführen. Die linke Seite des Profils wird durch einen straff geregelten, dunkel erscheinenden Granulitmylonit mit einer hellen Leptinitlage gebildet. Auf der rechten Seite wird die Foliation durch Feldspatmetablastese überprägt und von hellen quergreifenden Mobilisaten durchzogen. Tatsächlich besaß die rechte Seite vor 331 Ma das gleiche $^{87}Sr/^{86}Sr$-Verhältnis von 0.713 bis 0.714 wie das Profil ULL-1. Dies deutet auf eine bereits teilweise erfolgte isotopische Angleichung während der metablastisch/anatektischen Überprägung. Auf der linken Seite des Profils haben sich jedoch Unterschiede in den $^{87}Sr/^{86}Sr$-Verhältnissen erhalten, und zwar in einer Höhe, zu deren Zustandekommen ein Zeitraum von mehr als 150 Ma erforderlich war, was im Einklang mit den von Hradetzky et al. (1990) angegebenen Alterszahlen ist. Aus dem Gesamtergebnis wird deutlich, daß die Isochrone des Profils ULL-1 die HT-Mylonitisierung datiert und nicht einem Stadium gesteigerter Fluidaktivität oder einer Phase der Abkühlung zuzuschreiben ist.

Größere Schwierigkeiten bereitet die Interpretation der Rb-Sr-Daten, die für Kleinbereichsprofile durch migmatische Gneise aus verschiedenen Bereichen des Gneiskomplexes bestimmt wurden. Die Variation der Rb/Sr-Verhältnisse zwischen Leukosomen und Melanosomen ist im allgemeinen groß genug, um die Isochronenmethode anzuwenden, doch ist die Streuung der Datenpunkte um die Regressionsgeraden in allen bisher untersuchten Fällen so hoch, daß die Berechnung eines Isochronenalters strenggenommen nicht gerechtfertigt ist. Abbildung 2.19 zeigt ein entsprechendes Profildiagramm. Die $^{87}Sr/^{86}Sr$-Verteilung läßt sich zwar noch einem unterkarbonischen Ereignis zuschreiben, doch ist eine genauere Altersangabe nicht möglich. Die Frage, ob zu keiner Zeit eine bessere Glättung des Profils erreicht wurde, oder ob spätere Einflüsse – z. B. durch wasserreiche Fluide – eine homogene Verteilung wieder zunichte gemacht haben, läßt sich für die untersuchten Profile nicht mit Sicherheit beantworten. Ähnliche Untersuchungen an anatektischen Gesteinen anderer Gebiete haben jedenfalls besser homogenisierte $^{87}Sr/^{86}Sr$-Verteilungen ergeben (vgl. Abbildung 2.12a).

Ein wichtiger Beweis für die Existenz einer hochgradigen unterkarbonischen Metamorphose sind die konkordanten U-Pb-Alter von Monaziten aus weitgestreuten Vorkommen des Gneiskomplexes (Werchau et al. 1989; Kalt 1990). Dies gilt unabhängig davon, ob man die Alter der primären Kristallisation oder einer hypothetischen „Umkristallisation" zuschreibt. Die Alterszahlen variieren zwischen 325 und 335 Ma (Abbildung 2.20). Sie sind damit um 5 bis 10 Ma höher als der überwiegende Teil vergleichbarer Monazitalter im Moldanubikum Ostbayerns, was auf einen geringen, aber doch signifikanten Altersunterschied

2.4 Untersuchungen zu geochronologischen Fragestellungen einiger Gebiete

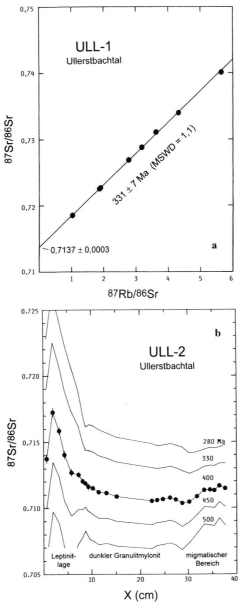

Abbildung 2.18: a) Rb-Sr-Isochronendiagramm für das Kleinbereichsprofil ULL-1 durch den HT-Mylonit der Abbildung 2.17. b) $^{87}Sr/^{86}Sr$-Profildiagramm für das Kleinbereichsprofil ULL-1 durch den Phacoidkern (K) in Abbildung 2.17. Eine das gesamte Profil erfassende Homogenisierung ist für keine Zeit der Vergangenheit zu erkennen. Erst bei Altern von mehr als 400 Ma handelt es sich mit Sicherheit um scheinbare Verteilungen.

2 Das „Zentrallaboratorium für Geochronologie" (ZLG) in Münster

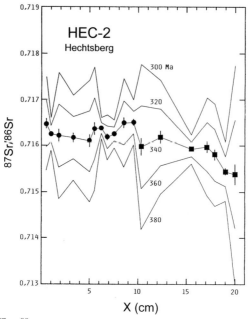

Abbildung 2.19: ^{87}Sr/^{86}Sr-Profildiagramm für ein Kleinbereichsprofil durch einen migmatischen Gneis aus einem Steinbruch bei Hechtsberg, Kinzigtal.

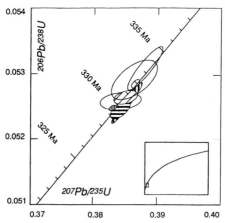

Abbildung 2.20: Concordia-Diagramm mit den Daten akzessorischer Monazite aus Gneisen des zentralen Schwarzwälder Gneiskomplexes (aus: Kalt 1990).

2.4 Untersuchungen zu geochronologischen Fragestellungen einiger Gebiete

der Metamorphose zwischen den beiden Bereichen des Moldanubikums hinweist.

Interpretation der Sm-Nd-Granatalter

Schwierigkeiten anderer Art als bei den Rb-Sr-Daten ergeben sich für die Ergebnisse der Sm-Nd-Analysen, wenn man versucht, diese in ein Bild der geologischen Entwicklung einzuordnen. Abbildung 2.21 zeigt die Isochronen, die sich für drei Eklogitamphibolite ergeben haben (Kalt 1990; Kalt et al. 1994). Ihre Steigung ist im wesentlichen durch Granatkerne definiert, die aufgrund der Elementverteilungen und eingeschlossenen Phasen unter HP-HT-Bedingungen gewachsen sein müssen (min. 1.6 Pa, 670 bis 750°C). Die Isochronenalter stimmen gut überein. Das Problem besteht darin, daß sich die Sm-Nd-Alter nicht von den U-Pb-Monazitaltern und dem Rb-Sr-Alter für die HT-Mylonite unterscheiden. Wenn man die Sm-Nd-Alter mit der Bildung der Granate bei der eklogitfaziellen Metamorphose korreliert, so bedeutet dies, daß sich die unter-

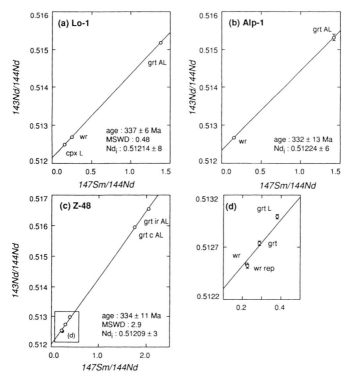

Abbildung 2.21: Sm-Nd-Isochronendiagramme für Minerale aus Eklogitamphiboliten des Feldberg-Schauinsland-Gebiets. Abkürzungen: grt: Granat, c: Kern, ir: innerer Randbereich, cpx: Klinopyroxen, wr: Gesamtgestein, rep: Wiederholungsanalyse, L: gelaugte Probe, A: abgeschliffene Granate (aus: Kalt et al. 1994).

karbonische metamorphe Entwicklung vom HP-Stadium über die Anatexis bis zu postanatektischen Deformationen unter HT-LP-Bedingungen in einem Zeitraum von ca. 5 Ma zusammendrängt. Die Gültigkeit dieser für die geologische Aussage sehr wichtigen Schlußfolgerung hängt somit hauptsächlich davon ab, ob die Sm-Nd-Granatalter die Kristallisation der HP-Paragenese widerspiegeln oder ein Stadium der Abkühlung repräsentieren, wie dies Mezger et al. (1992) aufgrund ihrer Untersuchungen langsam abgekühlter, präkambrischer granulitfazieller Gneise und Amphibolite gefolgert haben. Mezger et al. (1992) geben 600±30 °C als Schließungstemperatur für das Sm-Nd-System der Granate an. Diese Temperaturangabe wäre ungefähr im Einklang mit dem in Abschnitt 2.4.2 diskutierten Verhalten des Granats, wonach innerhalb der Staurolith-Zone eine zumindest teilweise Angleichung der Sr-Isotopie zwischen Granat und Umgebung möglich war.

Die akzessorischen Zirkone der eklogitogenen Amphibolite

Für Eklogite aus anderen Gebieten, wie z.B. der Münchberger Gneismasse, ließ sich die eklogitfazielle Metamorphose durch U-Pb-Analyse akzessorischer Zirkone datieren. Die Extrapolation der U-Pb-Zirkondaten (Gebauer und Grünenfelder 1979) ergab Alter, die sehr gut mit den Sm-Nd-Isochronenalter der anderen Minerale übereinstimmen (Stosch und Lugmair 1990). Dies ist bei den bisher analysierten akzessorischen Zirkonen aus den eklogitogenen Amphiboliten des zentralen Schwarzwalds nicht der Fall. Morphologie, Wachstumszonierung und die U-Pb-Daten kennzeichnen sie mit großer Wahrscheinlichkeit als magmatische Bildungen während des Ordoviziums. Die Anordnung der Datenpunkte im Concordia-Diagramm läßt jedoch weder eine Zirkonneubildung noch eine Beeinflussung der U-Pb-Systeme im Karbon erkennen. Ja selbst in den Fällen, in denen die Punkte eine Diskordia definieren, ergeben diese meist sehr viel jüngere, geologisch nicht interpretierbare untere Schnittpunktsalter. Eine plausible Erklärung, weshalb die Zirkondaten weder das HP-HT- noch das HT-LP-Ereignis widerspiegeln, läßt sich nicht geben.

2.4.4 Alter detritischer Zirkone im nordwest-mitteleuropäischen Paläozoikum (Rheinisches Schiefergebirge, Ardennen, Brabanter Massiv)

Detritische Mineral- und Gesteinsfragmente, die in einem Ablagerungsraum zusammengetragen wurden, können zur Klärung paläogeographischer Fragen beitragen. Stabile Schwerminerale eines solchen Detritusspektrums erlauben mit Hilfe radioaktiv-radiogener Zerfallssysteme die Modellierung der Altersstruktur in den Liefergebieten. Sind diese Hinterländer durch geologische Ereignisse geprägt, die in ihrem Alter oder in ihrer Altersfolge charakteristisch sind, so kann eine konkrete Zuordnung der detritischen Komponenten zu ihren Herkunftsgebieten erfolgen.
    Ziel der Studie war eine Rekonstruktion der großtektonischen Situation im Umfeld des rhenohercynischen Sedimentationsraums während des Paläozoi-

2.4 Untersuchungen zu geochronologischen Fragestellungen einiger Gebiete

kums und damit eine Modellierung der plattentektonischen Konfigurationen im Umfeld des nördlichen Mitteleuropa vor der kaledonischen, zwischen der kaledonischen und der variszischen und nach der variszischen Kollision der Großplatten Gondwana, Laurentia und Baltica-Fennosarmatia.

Für das rheinisch-ardennische Schiefergebirge und sein nordwestliches Vorland wurden in einem Profil vom unteren Kambrium bis ins Oberkarbon detritische Zirkone untersucht. Diese Zirkone wurden aus psammitischen, nicht oder nur schwach metamorphen Sedimentgesteinen (Abbildung 2.22)

- des Deville und Revin (Kambrium) der Ardennen-Massive von Rocroi und Stavelot (DV-1, DV-26, RV-4) sowie des Brabanter Massivs (DV-15),
- des Unterdevons des Ebbe-Sattels (BS-1), des Taunus (DEV-1) und des Dinant-Synklinoriums (DEV-12) abgetrennt.

Anhand morphologischer und farblicher Eigenschaften der Kristalle wurden Form- und Farbfraktionen von 0.5 bis 2 mg Gewicht aus den jeweiligen Zirkon-Detrituspopulationen gebildet. Idiomorphe Zirkonkristalle konnten anhand von Tracht und Habitus detailliert gegliedert werden. Die farblichen Varianten schwankten zwischen schwarzrot und farblos. Auch durch sorgfältiges Sortieren der Zirkone konnte natürlich nicht sichergestellt werden, daß ausschließlich kogenetische Kristalle in einer Fraktion zusammengefaßt wurden. Dieser Mangel wurde im Hinblick auf die angestrebte Aussage als unbedeutend angesehen. Eine Bestimmung geologischer Alter ist a priori selbst von einzelnen detritischen Zirkonkristallen, soweit sie diskordante U-Pb-Systeme besitzen, unmöglich. Die Fraktionen wurden hinsichtlich ihrer U-Pb-Systematik untersucht. Diese U-Pb-Daten werden als zeitabhängige geochemische Indikatoren verstanden, die durch die Gesamtheit der sie beeinflussenden geologischen Prozesse geprägt wurden.

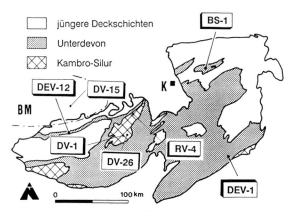

Abbildung 2.22: Verbreitung heute aufgeschlossener kambro-silurischer und unterdevonischer Ablagerungen im Rheinisch-Ardennischen Schiefergebirge und im Brabanter Massiv (BM) mit Probenlokalitäten (s. Text). K=Köln (nach: Haverkamp 1991).

Die U-Pb-Isotopenverhältnisse von 56 Fraktionen detritischer Zirkone aus vier kambrischen Quarziten sind diskordant und liegen im Concordia-Diagramm in einem fächerförmigen Feld unterhalb einer Sehne, die die Concordia-Kurve bei 550 Ma und 2100 Ma schneidet. Probenunabhängig verteilen sich die U-Pb-Daten der Fraktionen deutlich nach der Färbung der Zirkonkristalle: Rosa bis dunkelrot-schwarze Zirkone besitzen scheinbare ^{207}Pb/^{235}U-Alter >2000 Ma, farblose Zirkone weisen ^{207}Pb/^{235}U-Alter <1600 Ma auf. Allein eine Fraktion (gerundete, brillantartig glänzende, farblose Zirkone) ist innerhalb der Analysenfehler konkordant bei 545 Ma (Abbildung 2.23a).

Die eindeutige Felderung der U-Pb-Daten sowie die Anordnung der Felder im Concordia-Diagramm spiegeln zwei Provenienz-Typen der Zirkone wider, deren Herkunftsgebiete sich in ihrer Altersstruktur unterscheiden:

- Rosa bis schwarz-rot gefärbte Zirkonkristalle dokumentieren einen Detrituseintrag aus einem Gebiet, in dem zu Beginn des Kambriums eine archaische bis frühproterozoische Altersstruktur erhalten war.

- Das Herkunftsgebiet der farblosen Zirkone erfuhr an der Wende Präkambrium-Kambrium eine deutliche Überprägung.

Ein Vergleich der U-Pb-Daten der kambrischen detritischen Zirkone mit Zirkondaten potentieller Liefergebiete weist für beide Zirkonfarbtypen auf eine Herkunft aus einem Hinterland mit Gondwana-typischer Altersstrukturierung hin. Eine cadomisch-panafrikanische Beeinflussung der U-Pb-Systeme, wie sie für die farblosen Zirkone nachgewiesen wird, ist sowohl für laurentische als auch für baltische, in ihrem Ursprungsgestein verbliebene Zirkone unbekannt. Farblose und gefärbte laurentische bzw. baltische Zirkone liegen mit ihren U-Pb-Systemen im Concordia-Diagramm diskordant, aber immer oberhalb der Sehne, welche die Concordia bei 550 Ma und 2100 Ma schneidet.

29 Fraktionen gerundeter Zirkone aus drei unterdevonischen Sandsteinproben liegen mit ihren U-Pb-Daten im Concordia-System oberhalb der Sehne, die die Concordia bei 550 Ma und 2100 Ma schneidet (Abbildung 2.23b). Für diese Zirkonfraktionen beobachtet man wiederum eine Gliederung der U-Pb-Daten nach der Farbe. Rosafarbene Zirkone haben höhere scheinbare U-Pb-Alter als farblose Zirkone. Fraktionen idiomorpher Zirkone spiegeln scheinbare ^{207}Pb/^{235}U-Alter <650 Ma wider. Aufgrund ihrer Morphologie können sie einer granitoiden Provenienz zugeschrieben werden. Die Ähnlichkeiten der U-Pb-Daten der gerundeten Zirkone mit denen von Zirkonen aus laurentischen und baltischen Gesteinen legen eine Herkunft eines großen Teils des unterdevonischen Detritus aus diesem Bereich nahe. Dies gilt auch für die Zirkone aus dem Taunus-Quarzit. Der rhenohercynische Sedimentationsraum muß daher bereits während des Unterdevons in der Einflußsphäre Laurussias gelegen haben. Die idiomorphen Zirkone, deren U-Pb-Systeme ein frühkaledonisches Kristallisationsereignis nachzeichnen, dokumentieren die Erosion von kaledonischen Granitoidkomplexen aus strukturellen Hochgebieten innerhalb der mitteleuropäischen Kaledoniden.

2.4 Untersuchungen zu geochronologischen Fragestellungen einiger Gebiete

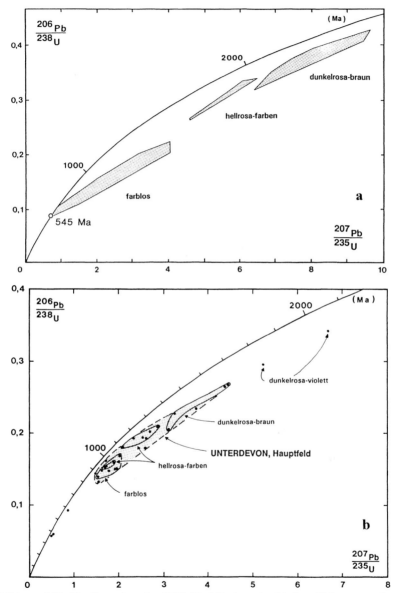

Abbildung 2.23: Konfiguration der U/Pb-Verhältnisse detritischer Zirkone aus kambrischen Sandsteinen (a) und unterdevonischen Sandsteinen (b) der Ardennen und des Brabanter Massivs im Concordia-Diagramm (aus: Haverkamp 1991).

Detritische Zirkone aus unterkarbonischen Flyschsedimenten des rechtsrheinischen Schiefergebirges weisen durch ihre jungen idiomorphen Zirkone sowie durch ihre alten gerundeten Zirkone deutlich unterscheidbare Details ihrer Einzugsgebiete aus. Die gut gerundeten Zirkone ähneln in ihrer U-Pb-Systematik solchen, wie sie bereits in den kambrischen Sandsteinen beobachtet wurden. Während die Kristallisationsalter der idiomorphen Zirkone Ähnlichkeiten mit Intrusionsaltern magmatischer Gesteine aus der Mitteldeutschen Kristallinschwelle aufweisen, dokumentieren die gerundeten Zirkone erneut gondwana-typischen Eintrag in das rheinische Sedimentationsbecken und somit einen erneuten räumlichen Zusammenhang mit in Abtragung befindlichen gondwanidischen Gebieten.

Zirkone aus oberkarbonischen Sandsteinen tragen teilweise gondwanidische, teilweise laurussische Altersstrukturen. Sie können als Umlagerungsprodukte interpretiert werden, die im rhenohercynischen Sedimentationsraum als gondwana-typischer und als laurussischer Detritus zur Ablagerung gelangten. Die oberkarbonische Molasse spiegelt daher mit ihren Zirkonen konsequent eine Umlagerung unterdevonischer Sedimentgesteine des südlichen Rhenohercynikums und des saxothuringischen Beckens nach Norden. Ein neuer Sedimentlieferant wird durch brillantartig glänzende, runde Zirkone indiziert. Die U-Pb-Systeme dieser Zirkone deuten eine metamorphe Überprägung ihrer ursprünglichen Wirtsgesteine um 310 bis 315 Ma an.

Für die Relativbewegungen der Großkontinente Gondwana, Laurentia und Baltica-Fennosarmatia im Paläozoikum ergibt sich damit folgendes Bild: Während des Kambriums befand sich der Sockel, auf dem sich die rhenohercynische Zone der Variskiden entwickelte, ebenso wie die Böhmische Masse und das Armorikanische Massiv in der Peripherie von Gondwana. Ozeanische Bereiche trennten diesen Raum von Baltica-Fennosarmatia (Tornquist Ozean) und von Laurentia (Iapetus). Auch der Sockel des Saxothuringikums befand sich in einer solchen peripheren Situation zu Gondwana (Dörr et al. 1989). Für die Sedimentationsräume beider Sockel, dem des Rhenohercynikums und dem des Saxothuringikums, kann ein ähnlich strukturiertes Hinterland angenommen werden. Dieses Hinterland war aus einer archaischen bis frühproterozoischen Struktureinheit und einer cadomisch-panafrikanisch überprägten Struktureinheit aufgebaut. Durch die gleichartige Detrituszusammensetzung der Sedimentgesteine beider Sockel wird möglicherweise ein konzentrisches Liefergebiet abgebildet, so daß gleichartiger Abtragungsschutt durch unterschiedliche Transportsysteme in verschiedene Schelfbereiche transportiert werden konnte.

Krustendehnungen führten im höheren Kambrium zu Abspaltungen von Teilen der Gondwana-Großplatte. Auf einem dieser Mikrokontinente, Avalonia, befanden sich die Bereiche, auf denen sich das Rhenohercynikum der Variskiden entwickelte. Die Konvergenz von Laurentia, Baltica-Fennosarmatia und Avalonia führte im späten Silur zur Kollision und zur Bildung der atlantischen und der norddeutsch-polnischen Kaledoniden. Die veränderte geotektonische Position von Avalonia drückt sich mit dem Unterdevon in einer neuen Detritus-Charakteristik aus. Der unterdevonische Detrituseintrag in das rhenohercynische Becken ist laurussisch. Auffällig in diesem Detritus sind hohe Chromitanteile.

2.4 Untersuchungen zu geochronologischen Fragestellungen einiger Gebiete

Auch im Unterkarbon befand sich der rhenohercynische Ablagerungsraum am Südrand von Laurussia. Da die Zirkone jedoch wieder gondwana-typische U-Pb-Charakteristika aufweisen, muß man für diese Zeit eine verstärkte Einschüttung aus südlichen Richtungen annehmen. Mit dem Oberkarbon ist schließlich die Kollision Rest-Gondwanas mit den vereinigten Nordkontinenten vollzogen, wie die Zirkone der Molasse-Sedimente einerseits und die Zirkone laurussischer Herkunft andererseits deutlich machen.

2.4.5 Variskische Plutonite des Harzes

Zu den variskischen Plutoniten des Harzes zählen der Harzburger Gabbronoritkomplex (früher: Harzburger Gabbro), der Brocken- und Ockergranit sowie der Ramberggranit (Abbildung 2.24). Zwischen Gabbronorit-Komplex und Brockengranit „eingeklemmt" befindet sich der Eckergneis, eine Scholle aus Metasedimenten, die eine Regionalmetamorphose und eine spätere Kontaktmetamorphose erfahren hat. Die Anregung zu einer erneuten geochronologischen Bearbeitung kam von Herrn Dr. Vinx, Hamburg, der insbesondere den Gabbronoritkomplex petrologisch und geochemisch bearbeitet hatte (Vinx 1982, 1983). Die geochronologischen Untersuchungen wurden größtenteils im Rahmen einer Doktorarbeit durchgeführt (Mecklenburg 1987) und später noch durch Analysen der SEE und der Nd-Isotopie ergänzt.

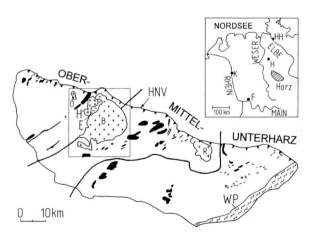

Abbildung 2.24: Kristalline Gesteine des Harzes. O=Oker-Granit, H=Harzburger Gabbronorit, E=Ecker-Gneis, B=Brocken-Granit, R=Ramberg-Granit, WP=Phyllite der Zone von Wippra, schwarze Punkte und Flächen=Vulkanite (Diabas, Rhyolith, Tuffe, Tuffite), HNV=Harz-Nordrandverwerfung. Kleine Karte: HH=Hamburg, H=Hannover, K=Köln, F=Frankfurt (aus: Baumann et al. 1991).

Der Gabbronoritkomplex

Der Gabbronoritkomplex bei Bad Harzburg ist nach Vinx eine synorogene tholeiitische „layered intrusion". Die Gesteine umfassen eine vollständige, stark fraktionierte Abfolge von Kumulaten, die von chromitreichen Duniten bis zu fayalitführenden Ferrodioriten reicht. Vinx (1982) untergliedert den Komplex auf der Basis der Hauptelementverteilung, insbesondere des Fe/Mg-Verhältnisses, und der Kumulusphasen in drei stratigraphische Serien:

- *Die Liegendserie:* Sie weist die größten lithologischen Unterschiede auf. Die noritischen Gesteine führen reichlich forsteritreichen Olivin und zeigen eine Tendenz zu ultramafischen Kumulusvergesellschaftungen. Klare magmatische Schichtung kommt nur in der Liegendserie vor.

- *Die Gabbronoritserie:* Die Gesteine enthalten keinen Olivin als Kumulusphase, jedoch Plagioklas, Ortho- und Klinopyroxen.

- *Die Ferrogabbroserie:* Die Gesteine führen fayalitreichen Olivin und Pigeonit. Sie überschreiten nach der Klassifikation die Grenze Gabbro/Diotit. Wegen ihres hohen Zirkoniumgehalts bis >3000 ppm enthalten sie viele akzessorische Zirkone.

Der Intrusivkörper wurde noch vor der vollständigen Erstarrung der späten Interkumulusschmelzen und des ferrogabbroiden Magmas von orogenen Bewegungen erfaßt, was zu einem komplexen Innenbau des Intrusivkörpers führte.

Die Analyse der Rb-Sr-Systeme für verschiedene Proben aus den drei Serien und Berechnung der $^{87}Sr/^{86}Sr$-Verhältnisse für die Zeit der Intrusion vor ca. 295 Ma ergab hohe Unterschiede in der Sr-Isotopie (Abbildung 2.25). Dies ist ein Hinweis auf Kontamination der Schmelzen mit sehr unterschiedlichen Mengen krustalen Strontiums, und zwar zum wiederholten Male im Verlauf der Fraktionierung der Schmelzen, denn es stellen sich in keiner der Serien konstante Werte für das $^{87}Sr/^{86}Sr$-Verhältnis ein. Selbst der niedrigste der berechneten Werte liegt oberhalb der Sr-Isotopie des oberen Erdmantels. Die heute vorliegenden Gesteine sind demnach das Ergebnis eines Zusammenwirkens von fraktionierter Kristallisation, Kumulatbildung und Kontamination, wobei die Kontamination zwar deutlich erkennbar ist, das Gesamtbild der Abfolgen aber nicht zerstört wurde.

Die Altersbestimmung der Intrusion konnte mit akzessorischen Zirkonen aus zwei Gesteinen der Ferrogabbroserie (HG-349, HG-116) und einem Gestein der Gabbronoritserie (HG-69) durchgeführt werden. Sie ergab ein Alter von 294±1 Ma (Abbildung 2.26a). Bemerkenswert ist, daß die Zirkone aus der Ferrogabbroserie einen kleinen, aber doch deutlichen Anteil einer ererbten, sehr viel älteren Zirkonkomponente enthalten. Diese hat ein ähnlich hohes scheinbares Alter von ungefähr 1.6 Ga wie die diskordanten Zirkone des Eckergneises. Es erscheint deshalb gut möglich, daß die gabbroiden Schmelzen Gneise von der Art des Eckergneises assimiliert haben. Ältere Zirkone, die möglicherweise von Schmelzen der Liegendserie aufgenommen wurden, sind sehr wahrscheinlich aufgelöst worden.

2.4 Untersuchungen zu geochronologischen Fragestellungen einiger Gebiete

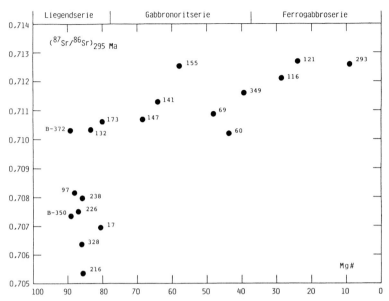

Abbildung 2.25: $^{87}Sr/^{86}Sr$-Verhältnisse in den Gesteinen des Gabbronoritmassivs, berechnet für die Zeit der Intrusion und aufgetragen gegen Mg = 100 MgO/(FeO$_{ges}$+MgO).

Die Intrusionen des Brockengranits und des Okergranits

Die Granitvorkommen um den Brocken und im Okertal sind aufgrund bestehender petrographischer Unterschiede sehr wahrscheinlich getrennte Intrusionen. Die Gesteine der Brockenintrusion sind Granite, mit Ausnahme des Ostrandes und eines schmalen Streifens im nördlichen Teil der Intrusion. Sie zeigen im Gegensatz zu denen des Okergranits Auswirkungen intensiver hydrothermaler und pneumatolytischer Beeinflussung.

Die mit Hilfe akzessorischer Zirkone bestimmten Kristallisationsalter lassen sich nicht von dem für das Gabbronoritmassiv unterscheiden. Sie weisen jedoch eine größere Unsicherheit auf, weil die Alterswerte bei den Zirkonen der Brockenintrusion durch Extrapolation ermittelt werden mußten (Abbildung 2.26b). Außerdem deutet die Lage einiger Punkte darauf hin, daß die einzelnen Zirkonfraktionen mehr oder weniger hohe Anteile einer älteren, ererbten Zirkonkomponente enthalten. Auch hier tritt die bislang nicht befriedigend zu erklärende Erscheinung auf, daß die Zirkone bestimmter Gesteine einen deutlichen, anscheinend rezenten Bleiverlust erfahren haben, während bei anderen, wie z. B. bei denen des Gabbronoritmassivs, keine Anzeichen dafür zu erkennen sind.

Die mit Zirkonen ermittelten Intrusionsalter stimmen gut mit Rb-Sr-Isochronenaltern für Gesamtgesteine des Okergranits (295±13 Ma) und des Brockengranits (298±12 Ma) überein. Außerdem ließ sich die Intrusion des Dachgranits

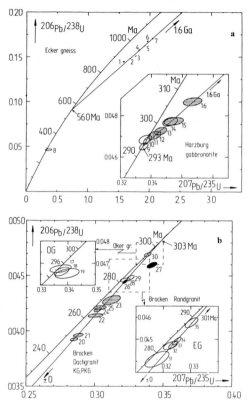

Abbildung 2.26: Concordia-Diagramme mit den Daten akzessorischer Zirkone aus a) dem Gabbronoritmassiv [Gabbronoritserie (9–11), Ferrogabbroserie (12–16)], dem Eckergneis [Zirkone (1–7), Titanit (8)], b) den Granitintrusionen: Okergranit (OG, 17–19), Brockenintrusion: Dachgranit (KG, PKG, 20–30), Randgranit (EG, 31–35) (aus: Baumann et al. 1991).

der Brockenintrusion mit einem Kleinbereichsprofil durch den Granit/Hornfels-Kontakt datieren (293±3 Ma). Hier wurde der kontaktnahe Bereich des Hornfelses durch metasomatische Beeinflussung in seiner Sr-Isotopie an die des Granits angeglichen. Die Daten insgesamt haben somit ergeben, daß die drei Intrusionen, Gabbronoritmassiv, Brockengranit und Okergranit, trotz der Verschiedenartigkeit der Gesteine innerhalb der kurzen Zeitspanne von 290 bis 295 Ma erfolgten.

2.4 Untersuchungen zu geochronologischen Fragestellungen einiger Gebiete

2.4.6 Alkaligesteine des Urals, Rußland

Nephelinsyenitintrusionen können nach heutigen Vorstellungen in zwei unterschiedlichen tektonischen Milieus auftreten, in Plattformbereichen der kontinentalen Kruste, die sich im Prozeß des Rifting befindet, und in Faltengürteln (Sørensen 1974). Als typische Beispiele für den an Faltengürteln geknüpften „orogenen" Typ der Nephelinsyenitintrusion gelten im Bereich des Grenville-Faltengürtels der Haliburton-Bancroft-Nephelinsyenitgneis mit der benachbarten Blue Mountain-Intrusion (Ontario, Kanada), die Intrusionen von Stjernøy und Sørøy im nördlichen Norwegen, die im kaledonischen Faltengürtel gelegen sind, und der Ilmenogorsk-Vishnevogorsk-Komplex (IVK), Rußland, der sich im herzynischen Ural-System befindet. Gemeinsam ist diesen Komplexen die langgestreckte bis lineare Form der Intrusivkörper sowie die enge Vergesellschaftung magmatischer und metasomatischer Varietäten miaskitischer Nephelinsyenite.

Das Erkennen des zeitlichen Zusammenhangs zwischen der Platznahme des Nephelinsyenitkörpers und der jeweiligen tektonischen Entwicklungsstufe des Faltengürtels ist eine Voraussetzung für die Diskussion der Bildungsgeschichte von Alkaligesteinsschmelzen während der Entwicklung von Orogensystemen. Solche Zusammenhänge wurden bislang nicht eindeutig erkannt. K-Ar-Alter an Mineralen von IVK-Gesteinen (Shanin et al. 1967) scheinen die petrographischen Beobachtungen von Ronenson (1966), Levin (1974), Ivanov et al. (1975) und Perfiliev (1979) zu bestätigen, die ein spätorogenes Intrusionsalter für die Gesteine annehmen. Die Texturen in den Haliburton-Bancroft- und Stjernøy-Nephelinsyeniten (Appleyard 1965, 1967, 1969, 1974) scheinen dagegen einen frühorogenen, syntektonischen Intrusionszeitpunkt auszudrücken. Dies steht im Gegensatz zu Rb-Sr-Altern für den Blue Mountain-Nephelinsyenit (Krogh und Hurley 1968), die eine präorogene Platznahme vor der Grenville-Orogenese anzeigen. Es wird damit fraglich, ob dieser Komplex überhaupt zum Typ der „orogenen" Nephelinsyenitintrusionen gehört.

Als Mechanismus für die Bildung der Nephelinsyenitmagmen im orogenen tektonischen Milieu ist sowohl Anatexis suprakrustaler Metasedimente als auch Schmelzbildung im Bereich des Oberen Erdmantels vorgeschlagen worden (Appleyard 1974; Ayrton 1974; Geis 1979; Gittins 1961; u.a.). Phasenbeziehungen verbieten eine Schmelzbildung aus evaporitischen Sedimenten (Barker 1976). Einen anatektischen Ursprung der Nephelinsyenite, in welchem die Schmelzbildung syenitischer Zusammensetzung den Endprozeß einer metasomatischen Aufarbeitung von Gesteinen durch alkaline Fluide darstellt, formulierte Ronenson (1966) für den IVK.

Rb-Sr-Isotopenanalysen wurden an Nephelinsyeniten des IVK durchgeführt, um die intrusive und postintrusive Geschichte des Alkaligesteinskomplexes zu beleuchten. Untersuchungen an Gesteinen, bei denen die einzelnen Proben ein Volumen von 1 bis 2 kg hatten, sollten Hinweise auf das Intrusivalter der Schmelzen liefern. Hierbei wurde eine isotopische Homogenität zwischen verschiedenen Teilvolumina der intrudierenden Schmelze angenommen. Die isotopische Homogenität im Größenbereich der Mineralkörner stellt sich auch bei geringen metamorphen Beanspruchungen häufig neu ein. Rb-Sr-Isotopenanalysen an Mineralseparaten wurden daher durchgeführt, um die letzte isotopische Homogenisierung im Mineralkornbereich zu erfassen. Mit Hilfe des Isochronenverfahrens wurden die initialen $^{87}Sr/^{86}Sr$-Verhältnisse, die ein wichtiger Indikator für die Beteiligung krustaler Komponenten in den Magmen sind, berechnet. Zur Unterstützung der Rb-Sr-Daten wurden U-Pb-Isotopenuntersuchungen an Zirkonen ausgeführt. Bei einer anatektischen Bildung der Schmelzen erscheint es denkbar, reliktische Komponenten in den U-Pb-Systemen der Zirkone zu finden, die dann Hinweise auf die Art der krustalen Beimengungen in den Schmelzen liefern können.

Die Rb-Sr-Gesamtgesteinsalter (Abbildung 2.27) der Nephelinsyenite des Ilmenogorsk- (ca. 55°N, 59°E) und des Vishnevogorsk-Massivs (ca. 56°N, 60°E) im Süd-Ural sowie die mit diesen Altern innerhalb der analytischen Fehler identischen oberen Schnittpunktsalter zweier U-Pb-Diskordien für Zirkone eines Nephelinsyenits aus dem Ilmenogorsk-Massiv (Abbildung 2.28) und eines Karbonatits aus dem Vishnevogorsk-Massiv zeigen übereinstimmend, daß die Platznahme und Erstarrung der Alkaligesteinsmagmen sich in der frühen Öffnungsphase der Ural-Geosynklinale um 450 Ma (Mittleres Ordovizium) ereignete. Dieses Ereignis geht der Bildung des Ural-Faltengürtels vorauf. Das tek-

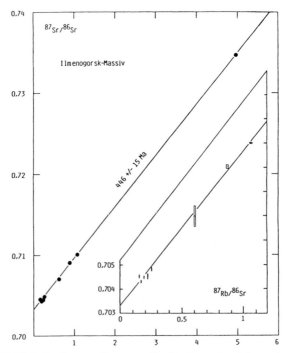

Abbildung 2.27: Rb-Sr-Isochronendiagramm für die Gesamtgesteinsproben der Nephelinsyenite des Ilmenogorsk-Massivs.

2.4 Untersuchungen zu geochronologischen Fragestellungen einiger Gebiete

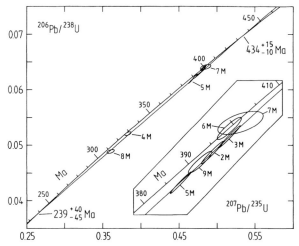

Abbildung 2.28: U-Pb-Daten der Zirkonfraktionen aus dem Nephelinsyenit des Ilmenogorsk-Massivs im Concordia-Diagramm. Die Fehlerellipsen entsprechen einem Vertrauensbereich von 95%.

tonische Milieu, in dem sich die Alkalimagmen bildeten, dürfte daher sehr ähnlich dem für Plattformtyp-Nephelinsyenite sein. Der Zeitpunkt der Intrusion der Alkalimagmen relativ zur Ural-Orogenese entspricht dem Zeitpunkt der Platznahme der Blue Mountain-Intrusion in Kanada relativ zur Grenville-Orogenese, wie sie von Krogh (1964) und Krogh und Hurley (1968) datiert wurde. Auch der Zeitpunkt der Intrusion des Ice River-Komplexes, W-Kanada, relativ zur Bildung des Rocky Mountain-Faltengürtels (Currie 1975) ist ähnlich. Es stellt sich daher die Frage, ob es überhaupt Nephelinsyenit-Intrusionen vom orogenen Typ, wie von Sørensen (1974) formuliert, gibt, oder ob diese Klassifizierung eine Folge unzureichender Datierungen, aber auch unzureichender Interpretationen von Gesteinsgefügen im Konvergenzbereich magmatischer, metasomatischer und metamorpher Strukturen ist.

Rb-Sr-Analysen an Mineralen von drei Nephelinsyenitproben, zwei aus dem Ilmenogorsk-Massiv (Abbildung 2.29), eine aus dem Vishnevogorsk-Massiv, spiegeln eine letzte Sr-Isotopenhomogenisierung in Mineralkorndimensionen um 250 Ma wider. Diese Mineralalter sind innerhalb der Fehler identisch mit K-Ar-Altern von Biotit und Hornblende dieser Gesteine, die bisher als Abkühlungsalter im Anschluß an die Platznahme der Nephelinsyenit-Schmelzen interpretiert wurden. Auch die unteren Schnittpunktsalter der erwähnten beiden U-Pb-Diskordien von Zirkonen sind permisch. Die Rb-Sr- und die U-Pb-Analysenergebnisse an Gesamtgesteins- und Mineralproben fordern daher eine Re-Interpretation der permischen Alter bisheriger K-Ar-Datierungen. Rb-Sr- und K-Ar-Mineralalter müssen als Abkühlungsalter im Anschluß an die weitfächig dokumentierte hercynische Metamorphose innerhalb der Ural-Orogenese angesehen werden.

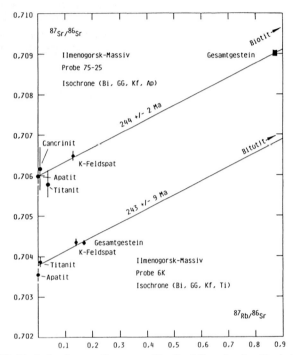

Abbildung 2.29: Rb-Sr-Isochronendiagramm für die Minerale der Nephelinsyenitproben 75-25 und 6K des Ilmenogorsk-Massivs. Für die Isochronenberechnung wurden jeweils nur die in Klammern angegebenen Minerale berücksichtigt.

Die Homogenität der initialen Sr-Isotopenzusammensetzung der Gesteine des IVK und ihre niedrigen $^{87}Sr/^{86}Sr$-Verhältnisse zeigen im Vergleich mit denen der riphäischen Nachbargesteine, daß die Nephelinsyenite nicht aus den heutigen Nebengesteinen durch Metasomatose oder Anatexis hervorgegangen sind. Sie stellen vielmehr magmatische Gesteine dar, deren Ursprungsort in einem Bereich mit zeitintegrierend niedrigem Rb/Sr-Verhältnis liegt. Die Einheitlichkeit der Sr-Initialverhältnisse deutet an, daß es für die verschiedenen Teilbereiche des mehr als 100 km langen Intrusivkomplexes offensichtlich eine gemeinsame Sr-Quelle und damit eine einheitliche Quelle für die Nephelinsyenitschmelzen gab.

2.4.7 Magmen des Kaiserstuhls

Karbonatite sind in vielen Fällen an magmatische Alkalikomplexe geknüpft. Experimentelle Untersuchungen zu ihrer Genese haben zur Fokussierung auf drei Modelle geführt, die Entmischung eines karbonatisierten Nephelinit-, Al-

2.4 Untersuchungen zu geochronologischen Fragestellungen einiger Gebiete

kalibasalt- oder Phonolithmagmas in eine silikatische und eine karbonatische Schmelze (1), die fraktionierte Kristallisation eines CO_2-reichen alkalischen Magmas mit Karbonatit als einer Restschmelze (2) und ein primärer magmatischer Ursprung (3). Die Modelle (1) und (2) nehmen direkten Bezug auf die häufige Verknüpfung karbonatischer und silikatischer Magmen. Die Herkunft der karbonatitischen Magmen im lithosphärischen bzw. asthenosphärischen Erdmantel wird kontrovers diskutiert.

Im Kaiserstuhl-Alkalikomplex im Südteil des Oberrheintal-Grabens, über dem Zentrum einer markanten Aufwölbung der Kruste/Mantel-Grenze (Abbildung 2.30), können petrographisch und geochemisch fünf Gesteinsgruppen unterschieden werden:

1. Tephrite und Essexite mit Mg-Werten von 45 bis 55 als dominante Vulkanite,
2. Phonolithe,
3. Karbonatite als Sövite, Alvikite und Karbonatit-Lapillituff,

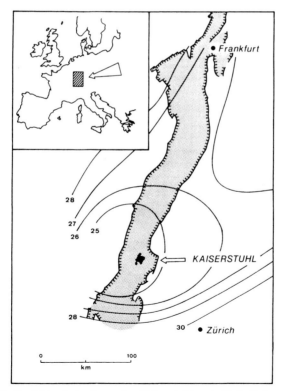

Abbildung 2.30: Geotektonische Lage des Kaiserstuhls mit Tiefenlinien der Kruste/Mantel-Grenze nach Edel et al. (1975) (aus: Schleicher et al. 1990).

4. ultrabasische Bergalithe, die als Übergangsglieder zwischen silikatischen und karbonatischen Schmelzen angesehen werden, und
5. Olivin-Nephelinite sowie aus der näheren Umgebung Olivin-Melilithite.

Anhand chemischer und petrologischer Aspekte werden diese Gesteine in zwei Magmaserien gegliedert. Die Na-reiche Gruppe ($K_2O/Na_2O<0,8$) umfaßt Olivin-Nephelinite, Olivin-Melilithite, Limburgite, Bergalithe und Hauynophyre, die K-reiche Serie beinhaltet Tephrite, Essexite, Phonolithe und Tinguaite. Mit Hilfe detaillierter Sr-, Nd- und Pb-Isotopenanalysen wurden an Gesteinen der fünf lithologischen Gruppen Verwandtschaftsverhältnisse und Kontaminationen untersucht. Ein besonderes Ziel war es, Argumente für die Herkunft der Karbonatitschmelzen im Erdmantel zu sammeln. Insgesamt wurden hierzu an Gesamtgesteinen 73 Sr-, 18 Nd- und 15 Pb-Isotopenanalysen durchgeführt, die Sr-Zusammensetzung wurde darüber hinaus in 36 Mineralproben untersucht.

Die Sr-Isotopenzusammensetzungen der Kaiserstuhl-Gesteine zeigen eine auffallende Korrelation mit den K_2O/Na_2O-Verhältnissen. Während $^{87}Sr/^{86}Sr$ der Na-Serie generell <0.704 ist, ist die Sr-Zusammensetzung der K-reicheren Gesteine in den meisten Fällen radiogener. Nur zwei K-basanitische Gesteine mit Mg-Werten ±60 haben ebenfalls $^{87}Sr/^{86}Sr$-Verhältnisse <0.704. Diese Gesteine kommen dem hypothetischen K-basanitischen Stammagma für die Tephrit-Serie nahe.

Die petrologisch belegte Kontamination einiger Phonolithe mit Granitxenolithen liefert ein Modell für die Variation der Sr-Zusammensetzungen der Gesteine der K-reicheren Serie. In Tephriten kann diese Kontamination, die sich in oberflächennahen Bereichen ereignete, ebenfalls beobachtet werden. Klinopyroxen-Einsprenglinge zeigen in diesem Gestein deutlich niedrigere $^{87}Sr/^{86}Sr$-Verhältnisse als die Glasmatrix. Die Kontaminationen können mit Hilfe von AFC- (assimilation and fractional crystallization) Berechnungen und Paragneis- bzw. Granit-Kontaminanten des benachbarten Schwarzwalds modelliert werden. Der Kontaminationsgrad beträgt im Durchschnitt 5 bis 10%. Ein solcher Kontaminationsgrad reicht nicht aus, den K-reichen Charakter der Gesteine zu beschreiben. Da es keine Möglichkeit gibt, aus den Na-dominanten primären Magmen zu den Schmelzen der K-reicheren Serie durch fraktionierte Kristallisation zu gelangen, muß für die entwickelten Tephrite und Essexite ein K-basanitisches Stammagma gefordert werden. Die Sr- und Nd-Zusammensetzungen der Karbonatite und Na-betonten Gesteine liegen im Bereich der Mantelkorrelation zwischen verarmtem Erdmantel (DM – depleted mantel), wie er an ozeanischen Rücken aufdringt, und der Mantelkomponente EM I (enriched mantel I) in der Nähe der Daten für die Gesamterde (Abbildung 2.31a).

Das $^{87}Sr/^{86}Sr$-Verhältnis streut sowohl für die Karbonatite als auch für die Olivin-Nephelinite und die übrigen primären Mantelschmelzen in engen Grenzen um 0.70365. Allein auf der Basis der Sr-Zusammensetzungen kann daher ein genetischer Zusammenhang zwischen Karbonatiten und primären Mantelmagmen postuliert werden. Auch die Sr-Isotopie der Bergalithe als Übergangsglieder zwischen Karbonatiten und Olivin-Nepheliniten fällt in diesen Bereich.

2.4 Untersuchungen zu geochronologischen Fragestellungen einiger Gebiete

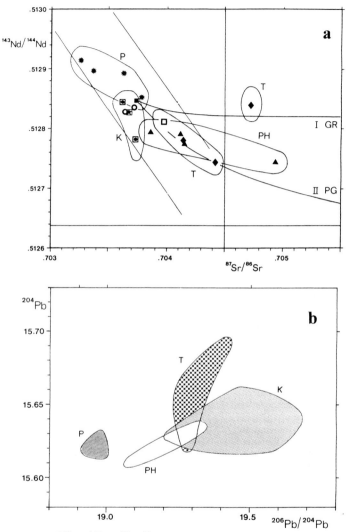

Abbildung 2.31: a) ^{143}Nd/^{144}Nd-^{87}Sr/^{86}Sr-Diagramm für Gesteine des Kaiserstuhls und Mischungslinien für einen Granitxenolith (I GR) und einen Paragneis des Schwarzwalds (II PG). b) Initiale Blei-Isotopenverhältnisse vulkanischer Gesteine des Kaiserstuhls. K: Karbonatite, P: primäre silikatische Mantelschmelzen, PH: Phonolite, T: Tephrite (aus: Schleicher et al. 1990 und Schleicher et al. 1991).

Während Karbonatite und Bergalithe innerhalb der Fehlergrenzen auch identische Nd- und Pb-Zusammensetzungen aufweisen, setzen sich die Olivin-Nephelinite und Olivin-Melilithite für die Zusammensetzungen dieser Elemente ab. Dies ist besonders deutlich für die Pb-Isotopien (Abbildung 2.31b). Die stärker an radiogenem Pb angereicherten und an radiogenem Nd verarmten Karbonatite stellen daher möglicherweise eine Mischung zweier Mantelkomponenten dar. Diese Mischung könnte wegen der hohen Sr-Gehalte der Karbonatite in der Sr-Isotopenzusammensetzung nicht sichtbar sein.

Experimentelle Untersuchungen an Klinopyroxenen der Limburg am Kaiserstuhl, die gemeinsam mit den Olivin-Nepheliniten gefördert wurden, zeigen, daß die primären silikatischen Magmen aus Herdtiefen von etwa 100 km gefördert wurden. Diese Magmenherde liegen in Anbetracht der Aufwölbung auch der Lithosphäre/Asthenosphäre-Grenze im Oberrheintal-Graben im Bereich der Asthenosphäre. Die Magmenquellen der Karbonatite können entweder in einem lithosphärischen Mantel oberhalb der Herde für die Olivin-Nephelinite liegen, dessen U/Pb-, Th/Pb- und Nd/Sm-Verhältnis dann metasomatisch erhöht sein müßte. Eine Alternative bildet eine Herkunft aus einem asthenosphärischen Mantel. Entweder die Magmenquelle oder das aufsteigende Karbonatitmagma müßten dann jedoch mit einer „angereicherten" Komponente, eventuell EM I, kontaminiert worden sein. Calcit-, Phlogopit- und Amphibolxenokristalle ultramafischer Diatrembrekzien und amphibolführende Spinell-Lherzolith-Auswürflinge, die in der Nähe der Karbonatitintrusionen des Kaiserstuhls auftreten, liefern einen Beweis für einen metasomatisierten lithosphärischen Erdmantel. Eine Rb-Sr-Mineralisochrone aus Phlogopit, Biotit, Hornblende, Apatit und Calcit der Diatrembrekzie liefert ein Alter von 17.4±1.1Ma, das in die Spanne der magmatischen Aktivität des Kaiserstuhl-Vulkans fällt (16 bis 18 Ma). Das initiale $^{87}Sr/^{86}Sr$-Verhältnis von 0.70367±0.00014 entspricht dem Durchschnittsverhältnis von Karbonatiten und Olivin-Nepheliniten.

2.4.8 Metamorpher Kernkomplex der Insel Thasos, Nord-Griechenland

Die Insel Thasos ist die nördlichste der Kykladeninseln Griechenlands östlich von Chalkidike. Der metamorphe Kernkomplex dieser Insel ist eine Modellregion für die Datierung verschiedener Deformationsstadien während einer mehrphasigen Dehnungstektonik, die zur mehrfachen Exhumierung plastisch verformter mittelkrustaler Gesteine führte. Mega- und makroskopische mylonitische Gefüge der Gesteine sowie mylonitische und diskrete tektonische Kontakte sind das Resultat der Dehnungstektonik. Relative Vertikalbewegungen während der Dehnungstektonik prägten weite Teile der Morphologie der Insel Thasos. Durch geochronologische Untersuchungen von Myloniten aus unterschiedlichen Gefügedomänen wird demonstriert, über welche Zeitdauer die Exhumierung mittelkrustaler Gesteine entlang einer Abfolge von Scherzonen mit abschiebender Kinematik stattfindet.

Im nordöstlichen mediterranen alpinen Gebirgsgürtel Nordost-Griechenlands dauerte eine SW-NE-gerichtete Dehnungstektonik vom Oligozän bis in

2.4 Untersuchungen zu geochronologischen Fragestellungen einiger Gebiete

die Gegenwart an. Sie erfolgte zeitgleich mit und setzte sich nach einer alpinen Krustenverdickung fort. Diese Dehnungstektonik verursachte den tektonischen Aufstieg mittelkrustaler metamorpher Kernkomplexe und zugleich eine Subsidenz von Becken in der Umgebung der Kernkomplexe.

Ein neues kinematisches Modell einer mehrphasigen Dehnungstektonik und Heraushebung mittelkrustaler Gesteine im Bereich der Insel Thasos wird vorgestellt. Mit Hilfe geochronologischer Daten wurde ein Deformationspfad erstellt.

Die Insel Thasos besteht aus drei flachlagernden, übereinanderliegenden tektonischen Einheiten (Abbildungen 2.32, 2.33). Die untere und mittlere Ein-

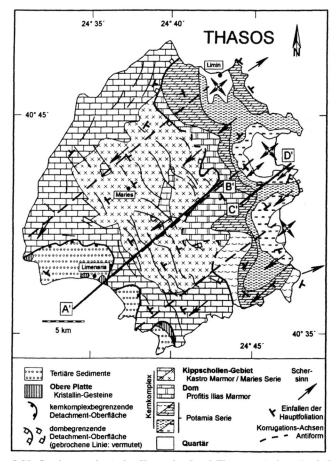

Abbildung 2.32: Strukturgeologische Karte der Insel Thasos mit dem Ausbiß zweier Detachmentflächen, die die obere von der mittleren bzw. die mittlere von der unteren Einheit trennen. A'-B'-C'-D' zeigt die Lage des schematischen Profils der Abbildung 2.33 (aus: Wawrzenitz 1997).

2 Das „Zentrallaboratorium für Geochronologie" (ZLG) in Münster

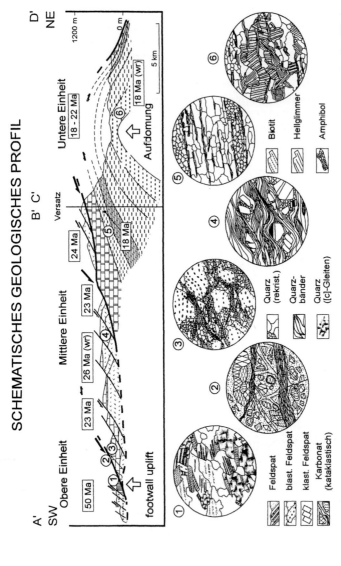

Abbildung 2.33: Schematisches strukturgeologisches Profil der Insel Thasos. Für die Lage der Profillinie A'-B'-C'-D' siehe Abbildung 2.32. Bei den Altersangaben handelt es sich um Rb-Sr-Hellglimmer-Alter bzw. Alter aus Kleinbereichsprofilen (wr). Die Kreise zeigen charakteristische Korngefüge der unterschiedlichen Domänen. Durchmesser der Kreise: 1 und 6: 5 mm, 2: 0.5 mm, 3: 3 mm, 4: 6 mm, 5: 2 mm (aus: Wawrzenitz 1997).

2.4 Untersuchungen zu geochronologischen Fragestellungen einiger Gebiete

heit bauen den Kernkomplex auf, die obere Einheit liegt als Platte auf dem Kernkomplex. Diese Einheiten werden von zwei diskreten Detachmentflächen getrennt. Die untere und mittlere Einheit sind vollständig mylonitisiert. Es wird gezeigt, daß alle mylonitischen Gefüge der beiden Einheiten während der spätalpinen Dehnungstektonik gebildet wurden. Eine erste Hauptphase der Dehnungstektonik war die Mylonitisierung der mittleren Einheit. Die zweite Hauptphase war die Mylonitisierung und Aufdomung der unteren Einheit, die zu dieser Zeit von der bereits spröden mittleren Einheit entkoppelt war. Durch plastisches Fließen der Kruste in unterschiedlichen Richtungen und bei hohen Temperaturen wölbte sich die untere Einheit zu einem engräumigen Gneisdom auf. Die zu dieser Zeit spröde mittlere Einheit begünstigte die Dehnung durch Blockrotation entlang steiler listrischer Abschiebungsflächen, die in das dombegrenzende Detachment münden. Im Hangenden der rotierten Blöcke der mittleren Einheit münden diese steilen Abschiebungsflächen in die diskrete Oberfläche des kernkomplexbegrenzenden Detachments, welches zu dieser Zeit weiterhin aktiv war.

In verschiedenen regionalen Domänen der Mylonite beider Einheiten sind die vorherrschenden Mikrostrukturen unterschiedlich (Abbildung 2.33). Verschiedene Gefügedomänen reflektieren das mechanische Verhalten der Gesteine bei der Dehnungstektonik, das lokal und regional variiert und sich im Verlauf der Heraushebung der Gesteine änderte.

Mit Hilfe der geochronologischen Daten aus den Gefügedomänen war es möglich, zwei Hauptphasen der Kernkomplexbildung zu datieren und die Dauer der Exhumierung des Kernkomplexes während der spätalpinen Dehnungstektonik festzulegen. Die Sr-Isotopenverteilung in den Orthogneismyloniten der mittleren und unteren Einheit ist korreliert mit den variierenden Korngefügen in den Domänen. Damit konnte die Wirksamkeit von korngefügeprägenden Prozessen während und nach der Deformation auf den Sr-Isotopenaustausch qualitativ abgeschätzt werden. Auch Proben mit einer Sr-Ungleichgewichtsverteilung liefern Altersinformationen.

Rb-Sr-Hellglimmer- und Gesamtgesteinsalter zeigen, daß die pervasive Mylonitisierung der Mittleren Einheit während der ersten Hauptphase der Kernkomplexbildung sich im Zeitraum von vor mindestens 26 bis 23 Ma ereignete. In der Unteren Einheit, im Liegenden des dombegrenzenden Detachments, erfolgte die plastische Verformung vor 21 bis 18 Ma (Rb-Sr-Hellglimmer- und Gesamtgesteinsalter, U-Pb-Monazitalter) und im Übergangsbereich plastisch-spröde, vor 15 Ma. Auch der Versatz entlang des kernkomplexbegrenzenden Detachments dauerte vor 15 bis 13 Ma noch an, wie Rb-Sr-Biotit- und Hellglimmeralter, u.a. aus Kluftfüllungen, zeigen. Die Mittlere und Untere Einheit wurden durch Versatz entlang der beiden Detachments im Zeitraum vor 26 bis 13 Ma herausgehoben. Somit kann ein insgesamt 13 Ma andauernder Abschnitt einer progressiven Deformationsgeschichte zeitlich aufgelöst werden (Abbildung 2.34).

Dagegen befand sich die obere Einheit bereits seit dem Eozän in suprakrustalem Niveau, dokumentiert durch Rb-Sr-Hellglimmer- und Biotitalter um 51 bzw. 40 Ma.

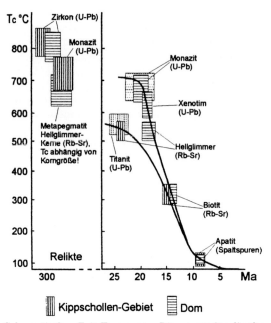

Abbildung 2.34: Schematisches Zeit-Temperatur-Diagramm für die thermochronologische Entwicklung der Insel Thasos. Die Mineralalter sind gegen die entsprechenden syndeformativen oder Schließungstemperaturen aufgetragen. Schließungstemperaturen aus Mezger et al. (1991) und Heaman & Parrish (1991), Apatit-Spaltspurendaten aus Weingartner und Hejl (1994) (aus: Wawrzenitz 1997).

Im Bereich der Insel Thasos wird variskische kontinentale Kruste in die alpine Geschichte der Krustenversenkung und Exhumierung einbezogen. Ein variskisches magmatisches Ereignis wird nachgewiesen durch U-Pb-Untersuchungen an Zirkonen aus Orthogneismyloniten der Mittleren und Unteren Einheit, an Monaziten aus einem Orthogneismylonit der Mittleren Einheit sowie durch Rb-Sr-Hellglimmer- und Sm-Nd-Granatdaten aus einem Metapegmatit der Unteren Einheit. In den Myloniten des Kernkomplexes sind jedoch strukturelle Merkmale der variskischen Vorgeschichte und der frühalpinen Krustenverdickung überprägt und zum großen Teil ausgelöscht. Die alpine Krustenverdickung kann nachgewiesen werden durch barometrische Abschätzungen auf der Basis der Phengitkomponente prämylonitischer variskischer und alpiner Hellglimmergenerationen sowie der synmylonitischen Hellglimmergeneration eines Metapegmatites.

2.4 Untersuchungen zu geochronologischen Fragestellungen einiger Gebiete

2.4.9 Isotopengeochemie des Stoffaustauschs in der Fenitaureole des Iivaara-Alkaligesteinskomplexes, Finnland

In der Kontaktaureole der magmatischen ijolithischen Gesteine des Iivaara-Komplexes (Nordfinnland, ca. 29°30′′E, 65°45′′N) sind präkambrische Gneise intensiv metasomatisch umgewandelt worden. Der Magmatismus am Iivaara hat ein Alter von 370 Ma (Kramm 1994). Die metasomatisch umgewandelten Gesteine (Fenite) sind heterogen, haben aber überwiegend syenitische bis nephelin-syenitische Zusammensetzungen. Eine Massenbilanzierung ergibt, daß bei der Fenitisierung große Stoffmengen (vor allem Alkalien) transferiert und ausgetauscht wurden. Der Stofftransport erfolgte wahrscheinlich überwiegend durch eine fluide Phase, die die Kontaktgesteine sowohl pervasiv entlang von Korngrenzflächen als auch kanalisiert entlang von Brüchen durchdrungen hat. Dabei sollte das Gestein infolge von Mineralreaktionen und diffusiven Vorgängen Material aus der fluiden Phase aufnehmen und Material an diese abgeben. Die fluide Phase sollte somit auch seine Zusammensetzung und sein Potential als Verursacher der Metasomatose auf dem Weg durch die Aureole verändert haben. Diese dynamische Wechselwirkung von fluider Phase und Gestein könnte auch in den initialen $^{87}Sr/^{86}Sr$-Isotopensignaturen der metasomatischen Produkte, der Fenite, deutlich werden. Die Isotopensignaturen als Indikator für das Ausmaß der Fluid-Gesteins-Wechselwirkung sind im Falle des Iivaara-Komplexes ein besonders aussagekräftiges Hilfsmittel, da zwischen den Rahmengesteinen und den magmatischen Gesteinen im Kern des Komplexes, die als Ausgangspunkt der fluiden Phasen angesehen werden, primär ein großer isotopischer Kontrast besteht. Während die präkambrischen Gneise im Rahmen des Komplexes mit $(^{87}Sr/^{86}Sr)_{370\ Ma} > 0.7300$ sehr radiogene Signaturen zeigen, zeichnen sich die Ijolithe als relativ junge devonische und mantelderivate Produkte durch niedrigradiogene $(^{87}Sr/^{86}Sr)_{370\ Ma}$-Verhältnisse <0.7050 aus.

Die dynamische Wechselwirkung von fluider Phase und Gestein in der Fenit-Aureole des Iivaara-Komplexes anhand der metasomatischen Veränderung eines Fenits im Kontakt zu einem Bruch, der eine Wegsamkeit für die fluide Phase darstellte, wird exemplarisch für die gesamte Aureole behandelt.

Die Zusammensetzungen der Minerale wurden mit Hilfe einer Mikrosonde (Jeol 8600 MX) bei einem Strahlstrom von 15 nA und 20 s Meßzeit pro Element sowie Strahldurchmessern zwischen 1 und 30 µm gemessen. Die Sr-Konzentrationen wurden durch die Isotopenverdünnungsmethode bestimmt. Die isotopengeochemischen Messungen wurden mit einem VG Sector 54 Thermionenmassenspektrometer am Zentrallabor für Geochronologie (Münster) durchgeführt. Der Sr-Standard NBS-SRM 987 wurde während des Bearbeitungszeitraums wiederholt (n = 55) gemessen, wobei ein durchschnittlicher Wert von $^{87}Sr/^{86}Sr = 0.710244 \pm 0.00002$ (2σ) erzielt wurde.

Bei der untersuchten Probe (SI 10.A) handelt es sich um einen Fenit mit syenitischer Zusammensetzung. Das Gestein besteht zu 80% aus einem mesoperthitischen Alkalifeldspat, 15% Ägirinaugit und 5% Wollastonit. Es wird von einem Gang mit 0.5 cm Durchmesser durchzogen (Abbildung 2.35a). Die Füllung des Ganges ist zoniert. Im Randbereich zu dem Fenit dominieren teilwei-

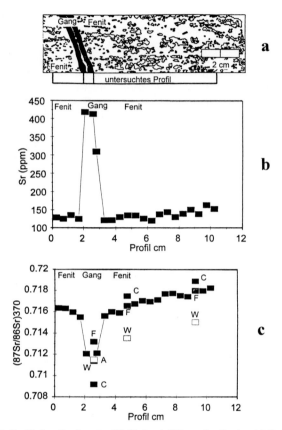

Abbildung 2.35: Profil der Fenitprobe SI 10.A. a) Skizze der Probe; b) Sr-Konzentrationen (Gesamtgestein) in den Profilscheiben; c) $(^{87}Sr/^{86}Sr)_{370\ Ma}$-Signaturen (Gesamtgestein) in den Profilscheiben sowie in einzelnen Mineralfraktionen in dem Gang und dem Fenit. F = Alkalifeldspat, A = Apatit, W = Wollastonit, C = Ägirinaugit.

se nadelige Ägirinaugit-Kristalle, in deren Zwickeln sich Apatit befindet. Diese Bereiche nehmen die äußeren beiden Drittel des Ganges ein, im mittleren Drittel kam es dagegen zur Bildung von überwiegend Alkalifeldspat sowie etwas weniger Wollastonit und ganz untergeordnet Cancrinit. Die petrographische Bearbeitung der Kontaktaureole hat gezeigt, daß der Fenit zu beiden Seiten des Ganges schon vor dessen Platznahme in ähnlicher Form vorlag wie heute. Das Vorkommen von Wollastonit ist in Feniten syenitischer Zusammensetzung in der Aureole insgesamt jedoch seltener. Die Alkalifeldspäte in den syenitischen Feniten haben keine Anorthit-Komponente, aus der das Ca für eine Wollastonitbildung abgeleitet werden könnte. Da Reaktionssäume oder andere texturelle Hinweise auf eine Wollastonitbildungsreaktion mit den Ca-haltigen

2.4 Untersuchungen zu geochronologischen Fragestellungen einiger Gebiete

Ägirinaugiten fehlen, stellt sich die Frage, ob zumindest das Ca zur Bildung von Wollastonit aus dem Gang in das Nebengestein eingetragen wurde.

Zur Bestimmung der Sr-Konzentrationen und der ^{87}Sr/^{86}Sr-Isotopenverhältnisse im Gang sowie im angrenzenden Fenit wurde ein Profil senkrecht zum Gang beprobt. Dazu wurde das Gestein zu beiden Seiten des Ganges in insgesamt 22 Scheiben mit einer Dicke von 0.5 cm gesägt, so daß eine lückenlose Analyse der Gesamtgesteine über die gesamte Probe hinweg möglich war. Außerdem wurden separate Mineralfraktionen von Ägirinaugit, Apatit, Wollastonit und Feldspat im Gang sowie von Ägirinaugit, Wollastonit und Feldspat in zwei Profilscheiben des Fenits untersucht (Abbildungen 2.35b und 2.35c).

Im Gegensatz zu den Hauptelementen zeigen die Sr-Konzentrationsmuster sowie die $(^{87}$Sr/^{86}Sr$)_{370\ Ma}$-Isotopenverteilung einen deutlichen Kontrast zwischen Gang und Fenit. So liegen alle Sr-Isotopensignaturen der Gangminerale deutlich niedriger als in dem Fenit. Dabei weisen alle vier Mineralfraktionen signifikant verschiedene ^{87}Sr/^{86}Sr-Verhältnisse auf. Die Fenit-Profilscheiben sind durch eine stetige Variation der Isotopensignaturen gekennzeichnet mit abnehmenden Werten zum Gang hin. Auch die Sr-Konzentration nimmt mit Annäherung zum Gang leicht ab.

Am Beispiel dieses von einem Gang durchzogenen Fenits wird ein komplexer Stoffaustauschvorgang zwischen einer möglicherweise phosphatbetonten fluiden Phase und dem Gestein gezeigt, der wesentlich durch die Transport- und Austauscheigenschaften der fluiden Phase geprägt wird. Dabei wurden vor allem Ca, aber auch Sr in das Gestein eingebaut, was zur Bildung von Wollastonit führte. Beiderseits des Ganges, der als Bewegungsbahn der fluiden Phase diente, sind zudem charakteristische Sr-Konzentrations- und $(^{87}$Sr/^{86}Sr$)_{370\ Ma}$-Isotopenmuster zu erkennen. Diese sind das Resultat einer Wechselwirkung zwischen der durch den Gang einwandernden fluiden Phase mit dem Gestein und lassen die Richtung des Stofftransfers aus dem Gang in das Gestein rekonstruieren. Der Transfer ist in einem eindimensionalen Flußmodell simuliert worden, wobei maximale Flußwerte von 2 m^3/m^2 anzunehmen sind. Während der Stofftransport im Zwischenkornbereich durch eine advektive Komponente dominiert wurde, wurde der Stoffaustausch zwischen fluider Phase und den einzelnen Mineralen, die nicht wie Wollastonit während des Infiltrationsereignisses gebildet wurden, durch Diffusion deutlich limitiert. Die unterschiedlichen Diffusionseigenschaften von Sr in diesen Mineralen kommen in dem ausgeprägten isotopischen Ungleichgewicht zum Ausdruck.

Die hier bearbeitete Probe SI 10.A stellt nur einen Ausschnitt aus dem Spektrum metasomatischer Produkte in der Aureole des Iivaara-Komplexes dar. Die Bedeutung der advektiven Transportkomponente sowie die chemische Charakterisierung der fluiden Phase können aber auf die gesamte Aureole übertragen werden. Aus der Bearbeitung läßt sich ableiten, daß die primär eher Ca-reiche fluide Phase mit Fortschritt des Stoffaustauschs an Alkalien angereichert wurde. Deren Mobilität wurde also erhöht, so daß sie auch in andere Bereiche der Aureole transportiert werden konnten. Damit zeichnet sich nicht nur ein Einbau von primär mantelderivater Substanz aus der fluiden Phase in das Gestein ab, sondern auch eine Stoffumlagerung innerhalb der Aureole.

2.5 Beiträge zum Kontinentalen Tiefbohrprogramm der Bundesrepublik (KTB)

2.5.1 Die Tiefbohrungen und ihr Umfeld

Die krustale Einheit, in der die Forschungstiefbohrungen im Rahmen des KTB niedergebracht wurden, die sog. Zone von Erbendorf-Vohenstrauß (ZEV) am Westrand der Böhmischen Masse in Ostbayern (Abbildung 2.36), besteht aus einer Vergesellschaftung von Metabasiten, Paragneisen und Orthogneisen, die Zyklen einer Hochdruck- und einer Mitteldruckmetamorphose im Altpaläozoikum durchlaufen haben. Am ZLG wurden während der Vorerkundungsphase zum KTB, auf Anregung von Herrn Prof. Behr, Göttingen, Altersbestimmungen für Gesteine des weiteren Umfeldes der Bohrlokalität durchgeführt; zunächst im Rahmen des Gastforscherprogramms (Teufel 1988) und später während der Hauptphase der Tiefbohrung überwiegend durch Mitarbeiter des ZLG. Die Untersuchungen waren in der Anfangszeit darauf ausgerichtet, für die kristallinen Haupteinheiten, die durch unterschiedliche tektonometamorphe Entwicklung gekennzeichnet sind, geochronologische „Eckdaten" zu gewinnen. Diese wurden später durch Untersuchung von Proben der Geothermiebohrungen Püllersreuth (ZEV) und zweier Bohrungen (Floß I und Floß II) am Ostrand der ZEV sowie weiterer Vorkommen im Gelände, insbesondere aus dem südöstlichen Umfeld der KTB-Lokalität, ergänzt.

Die mit den Übersichtsdatierungen erhaltenen Daten ergaben zunächst ein Bild, das mit den Vorstellungen zu Beginn des KTB über die sedimentäre und metamorphe Entwicklung in Einklang zu sein schien, jedenfalls soweit es sich um die letzte prägende regionale Metamorphose in den beiden wichtigsten tektonometamorphen Einheiten, der ZEV (mit devonischer MP-HT-Metamorphose) und dem Moldanubikum (mit karbonischer LP-HT-Metamorphose), handelte. Erst im Verlauf der Untersuchungen zusammen mit den Kollegen der anderen am KTB beteiligten geochronologischen Laboratorien wurde dann deutlich, daß für die ZEV eindeutige geochronologische Hinweise für einen ba-

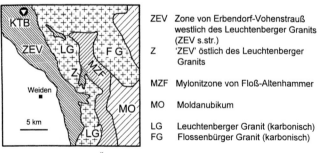

Abbildung 2.36: Vereinfachte Übersichtskarte der tektonometamorphen Einheiten und der karbonischen Granite im südöstlichen Umfeld der KTB-Lokalität.

sischen Magmatismus und eine regionale Metamorphose im Ordovizium u.a. mit wenigen HP-Relikten vorliegen. Diese frühen Ereignisse waren, wie sich dann noch zeigte, spätestens mit der Intrusion von zahlreichen diskordanten Pegmatiten vor etwa 480 Ma abgeschlossen. Die Untersuchungen am ZLG haben rückblickend u.a. einige überraschende, aber auch widersprüchliche Ergebnisse geliefert, die Ansatz zu weiteren methodischen Untersuchungen sein können.

Die devonische HT-Metamorphose in der Zone von Erbendorf-Vohenstrauß (ZEV)

Das kennzeichnende Ereignis der ZEV s.str. (gemeint ist hiermit der Gneis-Metabasit-Komplex westlich des Leuchtenberger Granits, Abbildung 2.36) ist eine amphibolitfazielle Metamorphose im unteren Devon, die sich in den Daten der verschiedensten Methoden sowohl im Umfeld als auch in den Gesteinen der KTB-Bohrung selbst zu erkennen gibt:

- unteres Schnittpunktsalter einer Regressionsgeraden durch diskordante Zirkone (Abbildung 2.37a und b),
- konkordante U-Pb-Monazitalter (Abbildung 2.37a und 2.37b), sogar in Gneisen, deren Zirkondaten ein höheres unteres Schnittpunktsalter ergeben,
- eine Rb-Sr-Gesamtgesteinsisochrone von 375±15 Ma für einen Orthogneis (Teufel 1988),
- ein Rb-Sr-Isochronenalter von 391±12 Ma für ein Kleinbereichsprofil (Abbildung 2.38),
- Rb-Sr-Alter von 371 bis 376 Ma für Hellglimmer, deren Kristallisation an die Entstehung von duktilen HT-Scherzonen gebunden ist (Glodny 1997),
- Rb-Sr-Biotitalter zwischen 375 und 360 Ma (Abbildung 2.39), die als Abkühlalter der unterdevonischen Metamorphose interpretiert werden.

Die Alterszahlen sind im Einklang mit zahlreichen K-Ar- und ^{39}Ar-^{40}Ar-Daten, welche von Schüssler et al. (1986) und Kreuzer et al. (1993) für Amphibole und Glimmer aus Gesteinen der ZEV und der Tiefbohrung bestimmt wurden. Eine Obergrenze für die devonische Metamorphose ist durch die U-Pb-Alter von Zirkonen mit magmatischem Habitus aus einem leukokraten Gneis der KTB-Vorbohrung gegeben. Das magmatische Gestein mit migmatischen Kontakten gegen die benachbarten Paragneise ist gemeinsam mit diesen bei der devonischen Deformation überprägt worden. Das Alter von ca. 405 Ma wird als das ungefähre Intrusionsalter des magmatischen Protoliths interpretiert (Abbildung 2.40).

Der moldanubische Bereich

Das Moldanubikum unterscheidet sich von der ZEV u.a. durch die jüngere Metamorphose unter LP-HT-Bedingungen im Karbon. Dies wird besonders durch die niedrigeren konkordanten U-Pb-Monazitalter um 320 Ma deutlich (Abbildung 2.39). Die Rb-Sr-Abkühlalter der Biotite sind auf 315 bis 303 Ma redu-

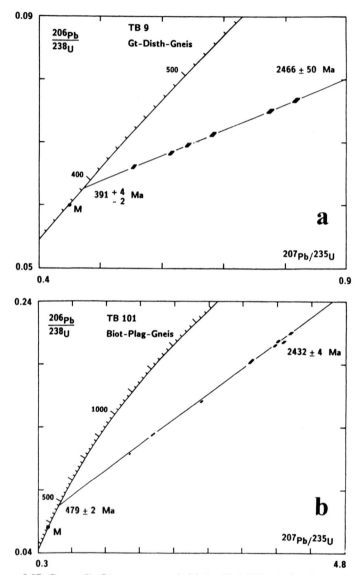

Abbildung 2.37: Concordia-Diagramme nach Wetherill (1963) mit den Daten der Zirkone und Monazite (M) aus a) einem Granat-Disthen-Gneis, b) einem Biotit-Plagioklas-Gneis der ZEV s. str. (aus Teufel 1988).

2.5 Beiträge zum Kontinentalen Tiefbohrprogramm der Bundesrepublik (KTB)

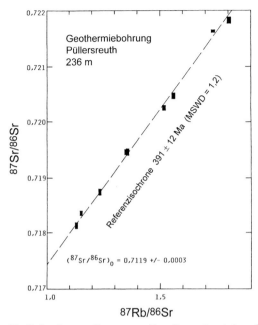

Abbildung 2.38: Rb-Sr-Isochronendiagramm für Gesamtgesteinsscheiben aus einem Kleinbereichsprofil durch einen Paragneis der Bohrung Püllersreuth (aus: Albat et al. 1989).

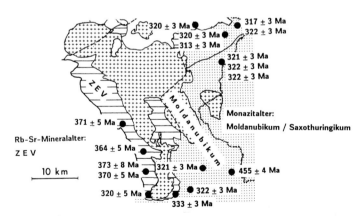

Abbildung 2.39: Rb-Sr-Biotitalter in der ZEV und U-Pb-Monazitalter in Gneisen des Moldanubikums und Saxothuringikums (aus: Teufel 1988).

2 Das „Zentrallaboratorium für Geochronologie" (ZLG) in Münster

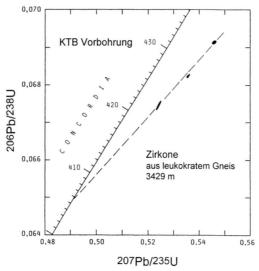

Abbildung 2.40: Concordia-Diagramm nach Wetherill (1963) mit den Datenpunkten der Zirkone eines leukokraten magmatisch/migmatischen Gneises aus der Vorbohrung des KTB (aus: Grauert et al. 1994).

ziert. Die jüngere Alterssignatur erstreckt sich bis in den Bereich des Saxothuringikums und beweist damit, daß beide Gebiete von der karbonischen Regionalmetamorphose geprägt wurden, ganz im Einklang mit dem petrologischen Befund. Eindeutige geochronologische Hinweise auf Relikte einer regionalen Metamorphose im Devon sind für das Moldanubikum bislang nicht bekannt geworden.

Prädevonischer Magmatismus in der ZEV

Die Datierung akzessorischer Zirkone aus verschiedenen Metabasiten der Tiefbohrungen durch von Quadt (1990), Hölzl und Köhler (1994) sowie Söllner und Miller (1994) haben konkordante und diskordante Datenpunkte ergeben (Abbildung 2.41). Aufgrund dieser Daten sowie von Habitus und Tracht schließen die Bearbeiter auf magmatische Bildungsalter im Zeitraum von etwa 475 bis 493 Ma. Alle diese Gesteine wurden mit Sicherheit von der devonischen HT-Metamorphose erfaßt, doch spiegelt sich dieses Ereignis in den U-Pb-Daten nicht oder nur undeutlich wider. Inwieweit die Daten auch bereits von der ordovizischen Metamorphose beeinflußt wurden, läßt sich derzeit nicht befriedigend beantworten, worauf weiter unten noch im Zusammenhang mit der Interpretation von Zirkondaten für einen eklogitogenen Einschluß eingegangen wird.

Als eine wichtige und gut belegte Zeitmarke hat sich für die ZEV s.str. das magmatische Alter von Metapegmatiten erwiesen. Die über 50 bekannten Körper von bis zu 100 mal 200 m Größe finden sich in Metabasiten und Para-

2.5 Beiträge zum Kontinentalen Tiefbohrprogramm der Bundesrepublik (KTB)

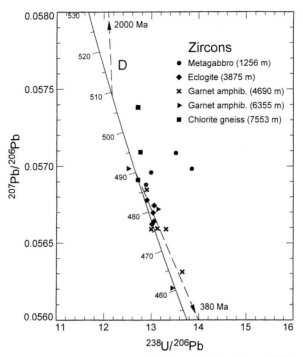

Abbildung 2.41: Concordia-Diagramm nach Tera und Wasserburg (1974) mit den Daten der Zirkone aus Metabasiten der KTB-Bohrungen (aus: O'Brien et al. 1997, mit Daten aus: Grauert et al. 1994, Hölzl und Köhler 1994, von Quadt 1990 sowie Söllner und Miller 1994). Die gestrichelte Linie D weist auf diskordante Zirkone (außerhalb des Diagramms) in Paragneisen nach Miller et al. (1990).

gneisen und sind mit diesen gemeinsam von der devonischen Metamorphose überprägt worden. Die Altersbestimmungen reliktischer undeformierter Pegmatitmuscovite mit hohen bis extrem hohen Rb/Sr-Verhältnissen (500 bis 100 000) haben Rb-Sr-Alter um 480 Ma ergeben, die gut mit den U-Pb-Altern für Monazite, Zirkone und Granat aus den Pegmatiten übereinstimmen (Glodny et al. 1995; Glodny 1997). Dieser Wert ist somit kaum von hohen Temperaturen im Devon verfälscht worden. Er besagt, daß spätestens vor etwa 480 Ma die magmatische und eine ältere metamorphe Entwicklung zu Ende waren und sich die intrudierten Gesteine in einem vergleichsweise kalten und seichten Krustenniveau befanden. Im Moldanubikum hingegen haben undeformierte magmatogene Pegmatite in deutlichem Kontrast zu den Metapegmatiten der ZEV ausschließlich karbonische Rb-Sr-Alter für die Muscovite ergeben (Glodny 1997).

2 Das „Zentrallaboratorium für Geochronologie" (ZLG) in Münster

Ordovizische Monazite in Paragneisen

In Paragneisen der ZEV s.str., aber auch in Paragneisen und Paragneisanatexiten östlich des Leuchtenberger Granits, der sich östlich an die ZEV anschließt, einschließlich des Moldanubikums wurden für akzessorische Monazite wiederholt konkordante und nahezu konkordante ordovizische Alter erhalten (Abbildung 2.42a und 2.42b). Dies belegt in Übereinstimmung mit den Ergebnissen von Zirkondatierungen durch Söllner und Nelson (1995), daß die Gneise im Ordovizium eine HT-Metamorphose erfahren haben müssen. Das Bemerkenswerte bei den Monaziten ist jedoch, daß neben den ordovizischen Monaziten solche mit sehr viel niedrigeren Altern auftreten. Im Moldanubikum sind es ausschließlich karbonische (Abbildung 2.42a) und in der ZEV s.str. ausschließlich devonische Monazite (Abbildung 2.42b), wobei in beiden Fällen Übergänge mit diskordanten Werten auftreten. In der Tiefbohrung fanden sich die ordovizischen und devonischen Monazite auf kleine Distanz von nur wenigen Metern nebeneinander. Es handelt sich offenbar um Neubildungen oder völlig rekristallisierte Monazitkörner, da eine Verjüngung durch diffusiven episodischen Bleiverlust oder gar unterschiedliche Schließungsalter mit den Daten nicht in Einklang zu bringen sind. Eine mögliche Erklärung ergibt sich aus Dünnschliffbeobachtungen zu den Bohrkernproben. Die jungen bzw. teilweise verjüngten Monazite wurden für Bereiche erhalten, in denen der Gesamtmineralbestand während der devonischen Metamorphose offenbar stärker reagiert hat, wobei u.a. alle Relikte von Disthen abgebaut wurden.

Weitere Relikte einer ordovizischen HT-Metamorphose

Bei den Kleinbereichsuntersuchungen aus den Tiefbohrungen fiel auf, daß die Rb-Sr-Daten kaum gute Isochronen mit devonischen Altern ergeben. Die Isotopenverteilungen sind teils durch spätere Alterationsprozesse im Zusammenhang mit einer karbonischen Fluideinwirkung (Glodny 1997), teils durch im Devon nur unvollkommen angeglichene Isotopenverhältnisse gekennzeichnet. Das folgende Beispiel aus den Paragneisen, welche die Vorbohrung zwischen 460 und 500 m durchteuft hat, zeigt einen Bereich mit Relikten einer prädevonischen Metamorphose. In dem in Abbildung 2.43 schematisch dargestellten Profil werden drei Gefügebereiche unterschieden:

- zwei weniger deformierte Leukosome mit Kalifeldspat + Oligoklas + Quarz (+ Granat),
- ein melanokrater, von s-Flächen durchsetzter Bereich mit Granat (+ Disthen) + Biotit + Oligoklas + Quarz + Ilmenit,
- ein dünnes Band (PGL) mit Plagioklas + Granat + Quarz (+ Biotit).

Bei Betrachtung des Isochronen- und Profildiagramms (Abbildung 2.43a und 2.43b) erkennt man, daß sich die drei Gefügebereiche auch in unterschiedlichen Isotopendaten zu erkennen geben. Die Leukosome und die Plagioklas-Granat-Lage gehören mit ihren $^{87}Sr/^{86}Sr$-Verhältnissen offenbar zu einer Isotopenverteilung innerhalb eines teilweise im Karbon überprägten Gneises. Die Datenpunkte

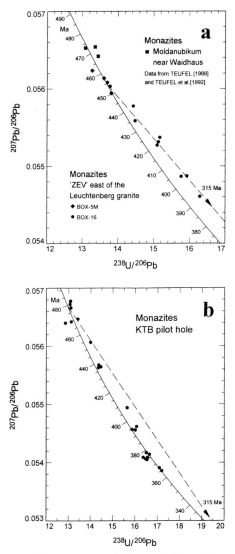

Abbildung 2.42: Concordia-Diagramme nach Tera und Wasserburg (1974) mit den Daten a) ordovizischer Monazite aus Paragneisen der „ZEV" östlich des Leuchtenberger Granites und des Moldanubikums bei Waidhaus. Die gestrichelte Linie verdeutlicht den Trend durch den Einfluß der karbonischen Metamorphose (aus: O'Brien et al. 1997, mit Daten aus: Teufel 1988, Teufel et al. 1992 und Abdullah 1997); b) ordovizischer und devonischer Monazite aus der KTB-Vorbohrung. Die gestrichelte Linie in Richtung auf karbonische Alter soll das Fehlen einer karbonischen Beeinflussung verdeutlichen (aus: O'Brien et al. 1997 mit Daten aus: Grauert et al. 1994, Glodny 1997 und Krohe (unveröffentlicht)).

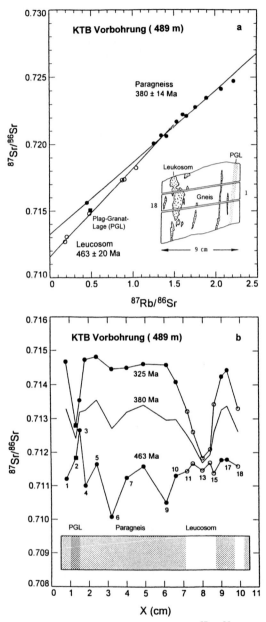

Abbildung 2.43: a) Rb-Sr-Isochronendiagramm und b) $^{87}Sr/^{86}Sr$-Profildiagramm für ein Kleinbereichsprofil durch einen heterogenen Paragneis mit Leukosomen aus der KTB-Vorbohrung (aus: O'Brien et al. 1997 nach Daten von Grauert et al. 1994).

2.5 Beiträge zum Kontinentalen Tiefbohrprogramm der Bundesrepublik (KTB)

des Leukosoms und des Übergangs Leukosom/Gneis streuen um eine Referenzisochrone von 463 Ma, auf die auch noch der Punkt einer Probe der Plagioklas-Granat-Lage zu liegen kommt. Dieser Hinweis auf die Existenz einer ordovizischen Metamorphose ließ sich mit einer Monazitprobe eines 9 m unterhalb durchteuften migmatischen Paragneises bestätigen. Die U-Pb-Isotopenanalyse ergab ein nahezu konkordantes U-Pb-Alter von 476 Ma (Abbildung 2.44).

Zum Alter der HP-Metamorphose einer Eklogitlinse

O'Brien et al. (1992) haben eine etwa 10 cm große retrograd überprägte Eklogitlinse aus 3875 m Teufe der Vorbohrung untersucht und P-T-Daten für die eklogitfazielle Metamorphose und die Abbaustadien bestimmt. Die akzessorischen Zirkone aus der Linse sind größtenteils ellipsoidisch oder eiförmig. Nur sehr wenige Kristalle zeigen schwach ausgebildete Prismen, deren Flächen jedoch nur noch sehr undeutlich zu erkennen sind. Zirkone von gleichem und ähnlichem Aussehen finden sich in der Literatur aus verschiedenen Eklogitvorkommen abgebildet und beschrieben. Aus unmetamorphen Magmatiten sind Zirkone von diesem Aussehen nicht bekannt.

Die Punkte für drei Fraktionen liegen bei 477 Ma und etwas höher auf der Concordia oder weichen nur geringfügig davon ab (Abbildung 2.44). Ein Datenpunkt für die Kerne einer Zirkonfraktion, die durch Abschleifen aus größeren Kristallen gewonnen wurden, ist ebenfalls konkordant, doch liegt er etwas höher bei 483 Ma. Das Ergebnis läßt sich derzeit noch nicht eindeutig interpretieren, könnte aber eine der folgenden Entwicklungen widerspiegeln:

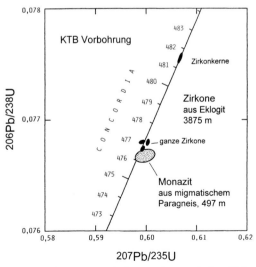

Abbildung 2.44: Concordia-Diagramm mit Daten akzessorischer Zirkone für den eklogitogenen Einschluß VBE aus 3875 m Teufe und des Monazites aus einem Paragneis.

- Die Kristalle sind trotz ihres andersartigen Aussehens magmatische Bildungen, und die Kerne repräsentieren eine ererbte ältere Zirkonkomponente oder Bereiche mit fehlendem oder nur sehr geringem diffusiven Verlust radiogenen Bleis. In diesem Fall wäre es möglich, daß die Eklogitbildung unmittelbar der devonischen MP-HT-Metamorphose vorausging.
- Die Kerne datieren ungefähr die magmatische Bildung und die ganzen Kristalle die eklogitfazielle Metamorphose.
- Die Kerne gehören zur eklogitfaziellen Metamorphose, und die Randbereiche der Kristalle haben einen geringfügen Bleiverlust im Verlauf der retrograden Überprägung erfahren.

2.5.2 „Widersprüche" in der geochronologischen Information aus der Tiefbohrung und dem Umfeld

Die Zusammenschau umfangreicher geochronologischer Daten mit der Gesamtheit der geologischen Information eines Gebiets führt oftmals zu Widersprüchen mit der Interpretation eines Datensatzes, auch wenn letztere auf der Grundlage weitgehend akzeptierter Kriterien erfolgt. Die folgende Diskussion befaßt sich zum Teil mit derartigen Widersprüchen, wie sie sich bei den geologisch-geochronologischen Untersuchungen ergeben haben, und zwar im Zusammenhang mit folgenden Fragen:

- Wann kam die Anordnung der tektonometamorphen Einheiten (ZEV s.str. – Moldanubikum) zustande?
- Wann genau erfolgte die devonische HT-Metamorphose?
- Welche zeitliche Beziehung besteht zwischen der Intrusion des Leuchtenberger Granits und der karbonischen LP-HT-Metamorphose?

Alter der Anordnung der tektonometamorphen Einheiten

Die Diskussion zur ersten Frage geht davon aus, daß man im Bereich des südöstlichen Umfelds der KTB-Lokalität von Westen nach Osten in tiefere tektonische Einheiten gelangt (Abbildung 2.36). Die Einheiten, die man quert, sind:

- die ZEV s.str.,
- die „ZEV" östlich des Leuchtenberger Granits (mit Gesteinen ähnlich wie in der ZEV s.str.),
- die Mylonitzone von Floß-Altenhammer (MZF) als Teil einer komplexen Schuppenzone, welche die ZEV im Norden, Osten und Süden umgibt und im Osten syntektonische karbonische Granite (Abdullah et al. 1994a) enthält,
- das Moldanubikum.

Der Leuchtenberger Granit ist eine karbonische, überwiegend postdeformative Intrusion.

2.5 Beiträge zum Kontinentalen Tiefbohrprogramm der Bundesrepublik (KTB)

Die ZEV s.str. ist aufgrund der bekannten Abkühlalter nach dem Devon nur noch bruchhaft deformiert worden, was zu der Schlußfolgerung führte, daß sie seit dem Devon eine „kalte" Bedeckung tieferer tektonischer Einheiten gebildet habe. Die in den letzteren wirksame karbonische HT-Metamorphose hat die ZEV s.str. nicht erreicht. Die „Platznahme" der ZEV s.str. auf tieferen tektonischen Einheiten müßte, so wurde deshalb weiter gefolgert, während der devonischen HT-Metamorphose oder früher erfolgt sein. Dieser Schluß führt zu Widersprüchen, wenn man die geochronologischen Daten der tieferen tektonischen Einheiten, insbesondere der „ZEV" östlich des Leuchtenberger Granits, in die Überlegungen einbezieht. In Abbildung 2.45 ist die derzeit bekannte Information zur Metamorphosegeschichte der Paragneise, soweit sie hier von Bedeutung ist, vereinfacht dargestellt. Sie zeigt, daß in den Einheiten östlich des Leuchtenberger Granits eine ordovizische und eine karbonische HT-Metamorphose dokumentiert ist, jedoch keine devonische wie in der westlichen ZEV. Dies geht u.a. aus den beiden Concordia-Diagrammen der Abbildungen 2.42a und 2.42b mit den U-Pb-Daten der akzessorischen Monazite aus Paragneisen hervor: Nur in der ZEV westlich des Leuchtenberger Granits ist eine devonische Beeinflussung der U-Pb-Systeme oder ein Neuwachstum bzw. Rekristallisation von Monazit im Devon zu erkennen (Abbildung 2.42b). Östlich des Granits kann ein ähnlicher Effekt im Devon, wenn überhaupt, nur schwach gewesen sein. Die Konsequenz ist, daß insbesondere die „ZEV" östlich des Leuchtenberger Granits nicht ein Äquivalent der Gesteine sein kann, welche die westliche ZEV während der devonischen HT-Metamorphose unterlagerten. Die heutige Position der ZEV s.str. gegenüber den anderen, tieferen tektonischen

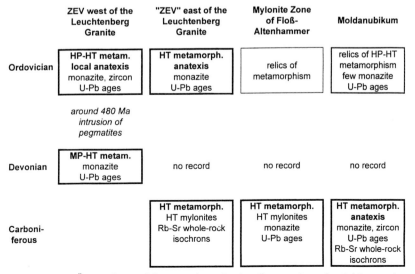

Abbildung 2.45: Übersicht zur Metamorphose in den Paragneisen der tektonometamorphen Einheiten.

Einheiten kann demnach im wesentlichen erst nach der devonischen HT-Metamorphose zustande gekommen sein.

Das Alter der Hellglimmer in den Metapegmatiten
Kristallisations- oder Abkühlalter?

Die Frage berührt das Problem, wie die Rb-Sr-Alter von Hellglimmern zu interpretieren sind, deren Bildung eindeutig an die Entstehung von duktilen Scherzonen unter HT-Bedingungen geknüpft ist. Spiegeln sic die Bildung der Hellglimmer wider oder datieren sie das Unterschreiten eines Temperaturwerts im Verlauf der Abkühlung danach?

In die Paragneise und Metabasite der ZEV s.str. (und in das Kristallin von Teplá und Doma lice in Tschechien) sind im Ordovizium, wie schon erwähnt, zahlreiche magmatogene Pegmatite eingedrungen (Glodny et al. 1997). Aufgrund der Gefügebilder haben die Pegmatite danach eine Deformation unter HT-Bedingungen erlebt. Weitere Phasen mechanischer Beanspruchung erfolgten bruchhaft bei niedrigeren Temperaturen.

Die Muscovite in den Metapegmatiten lassen sich in drei Typen unterteilen:

1. Die schon erwähnten undeformiertem Muscoviten des Pegmatitstadiums mit Rb-Sr-Altern um 480 Ma, die zum Teil in Form buchartiger Kristalle von mehreren Zentimetern Größe erhalten sind,
2. kleinere und geknickte Muscovite, die aus den primären Pegmatitmuscoviten durch Deformation entstanden sind, und
3. kleine Muscovitkristalle, die in den HT-Scherzonen der Pegmatite kristallisierten und in einen engen Bereich von K-Ar- und Rb-Sr-Altern von 371 bis 376 Ma fallen. Die Kristalle des Typs 2 ergaben sehr variable Werte zwischen den Altern der Typen 1 und 2.

Für eine Interpretation der Alterszahlen von 371 bis 376 Ma als Kristallisationsalter und gegen eine Deutung als Abkühlalter sprechen folgende Feststellungen:

- Kleinere Relikte primärer, ordovizischer Pegmatitmuscovite mit Diffusionslängen für den Isotopenaustausch, die nicht viel größer als die in den Glimmern der Scherbahnen sein sollten, wurden nicht oder nur unvollständig auf 371 bis 376 Ma zurückgestellt.

- Die Alterszahlen für die Hellglimmer in den Scherbahnen sind in einem großen Gebiet (ZEV s.str. und Kristallin von Teplá und Doma lice) sehr einheitlich, was die gleichzeitige Abkühlung eines sehr großen Gebietes verlangt.

Für eine Interpretation als Abkühlalter spricht dagegen die Existenz von Mineralaltern im Bereich von 375 bis 400 Ma: Granat (Sm-Nd), Amphibole (K-Ar, ^{40}Ar-^{39}Ar), Monazite (U-Pb), für deren Isotopensysteme allgemein höhere Schließungstemperaturen angenommen werden. Allerdings fügen sich die zahlreichen Monazitdaten mit mehr oder weniger stark gestörten ordovizischen

2.5 Beiträge zum Kontinentalen Tiefbohrprogramm der Bundesrepublik (KTB)

Reliktaltern nur schwerlich in ein einfaches Abkühlungsmodell. Eine eindeutige Antwort auf die anfangs gestellte Frage erscheint somit noch nicht möglich.

Zum Alter des Leuchtenberger Granits

Wegen der möglichen Herabsetzung der Rb-Sr-Alter von Gesamtgesteinsisochronen durch einen nachgewiesenen oder vermuteten Einfluß autometasomatischer oder anderer Prozesse in Graniten wird der Datierung ihrer Intrusionsalter mit Zirkonen häufig der Vorzug gegeben. Andererseits können beim Vorhandensein ererbter Zirkonkomponenten die durch Extrapolation erhaltenen Schnittpunktsalter höher als das wahre Alter der Intrusion werden. In jedem Fall ist es bei Vorliegen eines deutlichen Unterschieds zwischen den mit diesen Datierungsmethoden ermittelten Werten notwendig, nach Hinweisen zu suchen, die zu erklären vermögen, welche der Methoden im gegebenen Fall eine falsche Antwort gibt oder ob beide unzuverlässig sind.

So haben die Altersbestimmungen akzessorischer Zirkone aus dem Leuchtenberger Granit unterschiedlich gute lineare Anordnungen von Datenpunkten in den Concordia-Diagrammen ergeben (Abbildung 2.46). Durch Extrapolation

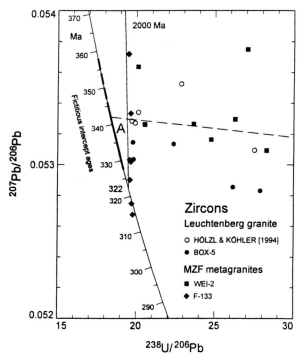

Abbildung 2.46: Concordia-Diagramm nach Tera und Wasserburg (1974) mit den Daten akzessorischer Zirkone aus dem Leuchtenberger Granit und Metagraniten der MZF. Erklärung im Text (aus: O'Brien et al. 1997 nach Daten von Hölzl und Köhler 1994 sowie Abdullah 1997).

der Regressionsgeraden wurden Schnittpunktsalter mit der Concordia-Kurve bei 342 Ma (Hölzl und Köhler 1994) und 333 Ma (Abdullah et al. 1994a) erhalten. Diese wurden als Intrusionsalter interpretiert, obwohl sie höher als die Rb-Sr-Isochronenalter von 320 bis 325 Ma sind.

Trägt man alle Zirkondaten für den Leuchtenberger Granit und die der etwa zeitgleichen Metagranite der Mylonitzone von Floß-Altenhammer in einem Concordia-Diagramm auf (Abbildung 2.46), so gewinnt eine andere Möglichkeit der Interpretation an Wahrscheinlichkeit: Weil alle Punkte rechts von einer Geraden zwischen 322 Ma und ca. 2000 Ma liegen, läßt sich diese Gerade als Position der Zirkonpunkte vor etwa 322 Ma deuten. Sie entspricht einer Mischungslinie zwischen Zirkonen, die vor ca. 322 Ma kristallisierten, mit geringen, unterschiedlichen Anteilen sehr viel älterer Zirkonkomponenten. Der auf diese Weise indirekt erhaltene Alterswert stimmt mit den Rb-Sr-Isochronenaltern (Köhler et al. 1974; Siebel 1993) für den Intrusivkomplex des Leuchtenberger Granits besser überein. Seine Intrusion würde dann etwa mit dem Höhepunkt der karbonischen HT-Metamorphose zusammenfallen, wie er durch mehrere U-Pb-Monazitalter von 320 bis 322 Ma für die MZF und das angrenzende Moldanubikum ermittelt wurde (Teufel 1988; Abdullah et al. 1994b).

2.6 Arbeiten zur Lagerstättengenese

2.6.1 Blei-Isotopie von Galeniten aus dem Bergbaugebiet der Anden Zentralperus

Der andine orogene Zyklus bewirkte in Peru eine mächtige Krustenverdickung, so daß anzunehmen ist, daß dabei eine orogene Durchmischung von Bleikomponenten unterschiedlicher Herkunft im Sinne von Doe und Zartman (1979) erfolgte. Als deren Quellen kommen der Mantel, die Unterkruste und die obere Kruste in Betracht. Es erschien deshalb erfolgversprechend, in einem Projekt die Isotopenzusammensetzung des Bleis in Galeniten der andinen Lagerstätten in Zentralperu (Abbildung 2.47) systematisch zu untersuchen. Das Projekt wurde auf Anregung der Herren Prof. Dr. Amstutz und Prof. Dr. Wauschkuhn, Heidelberg, durchgeführt und von Herrn Dr. Gunnesch im Rahmen eines Gastforscherprogramms bearbeitet. Die Ziele waren die Charakterisierung der isotopischen Signatur der verschiedenen Erztypen in den verschiedenen stratigraphischen Einheiten, die Erkennung regionaler Homogenitäten oder Inhomogenitäten sowie der möglichen Herkunft des Bleis unter Berücksichtigung der geotektonischen Position der Wirts- bzw. Nebengesteine.

Die Diagramme der Abbildung 2.48 zeigen die Ergebnisse der Analysen für die Bleiglanzproben aus den in Abbildung 2.47 verzeichneten Lagerstätten. Aus der Verteilung der Daten lassen sich einige Trends ablesen: Von Westen nach Osten ist ein systematischer Anstieg von weniger zu höher radiogenem Blei zu verzeichnen, wobei man allerdings die Lagerstätte Shalipyco außer acht

2.6 Arbeiten zur Lagerstättengenese

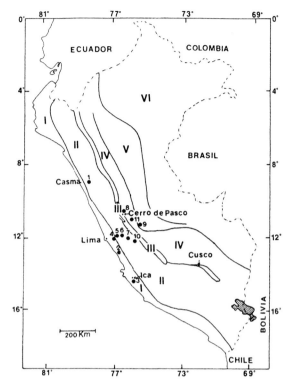

Abbildung 2.47: Morphologisch-strukturelle Gliederung Perus (nach: Bellido 1969): Küstenzone (I), Westkordillere (II), Altiplano (III), Ostkordillere (IV), Subandine Zone (V), Amazonasbecken (VI). Lagerstätten: El Extraño (1), Raúl Condestable (2), Los Icas (3), Leonila Graciela-Santa Cecilia (4), Felicidad (5), Casapalca (6), Domo de Yauli (Morococha, San Cristóbal, Huaripampa, Carahuacra) (7), Atacocha-Distrikt (Milpo, Atacocha, Machcán) (8), San Vicente (9), Cercapuquiño (10), Shalipayco (11) (aus: Gunnesch et al. 1990).

lassen muß. Die am wenigsten radiogenen Bleikomponenten kommen aus den Lagerstätten der Küstenzone. Auf der anderen Seite enthält die Lagerstätte San Vicente in der Subandinen Zone sehr deutlich unterscheidbares, hochradiogenes Blei.

Für die Herkunft des Bleis kommen die in Abbildung 2.49 angegebenen möglichen Quellen in Betracht: Die niedrigen Verhältnisse im Erzblei der Lagerstätten in der Küstenzone (Raúl-Condestable, Los Icas) dürfte auf eine Mantelkomponente zurückzuführen sein, die durch die Casma-Vulkanite in ein randliches Becken eingebracht wurden. Der geringe Anstieg der Isotopenverhältnisse in Leonila Graciela-Santa Cecilia läßt sich mit einem Anstieg im Verhältnis von sedimentären zu vulkanischen Komponenten im randlichen Becken beim Voranschreiten nach Osten erklären, was der Zunahme einer krustalen

113

2 Das „Zentrallaboratorium für Geochronologie" (ZLG) in Münster

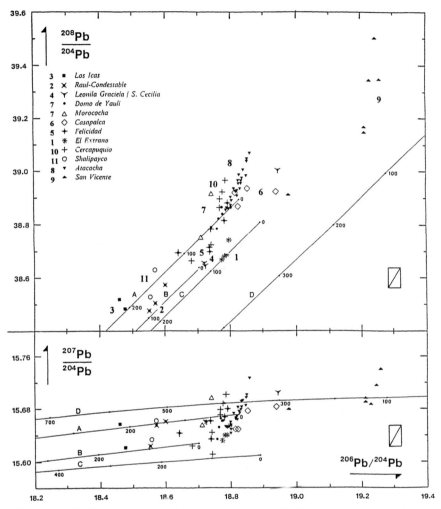

Abbildung 2.48: Blei-Isotopie von Galeniten aus den in Abbildung 2.47 verzeichneten Lagerstätten. Bleientwicklungslinien: (A) Cumming und Richards (1975), (B) Stacey und Cramers (1975), (C) Orogene und (D) obere Kruste nach: Doe und Zartman (1979) (aus: Gunnesch et al. 1990).

2.6 Arbeiten zur Lagerstättengenese

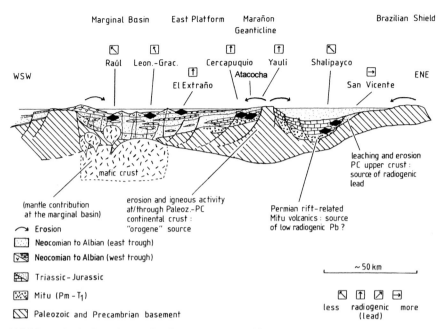

Abbildung 2.49: Geotektonische Position ausgewählter Lagerstätten in Zentralperu. Potentielle Bleiquellen in einem schematischen Querschnitt durch Zentralperu im Tertiär (aus: Fontboté et al. 1990).

Bleikomponente gegenüber einer Mantelkomponente gleichkommt. In den Lagerstätten der Westkordillere (El Extraño, Felicidad, Casapalca, Morococha, Cercapuquio) ist wahrscheinlich Blei aus tieferen Bereichen des paläozoischen Grundgebirges zugemischt worden. Dieser Prozeß könnte durch junge tektonische und magmatische Aktivität gefördert worden sein.

Die Blei-Isotopenzusammensetzung des Atacocha-Distrikts ist in Abbildung 2.48 entlang einer Mischungslinie angeordnet. Dies deutet auf Mischungen einer Komponente aus der Oberkruste mit tertiärem vulkanischem Blei. Der geringe radiogene Anteil in den Erzen von Shalipayco, die nach ihrer Position in Abbildung 2.48 mit den küstennahen Lagerstätten verglichen werden können, läßt sich durch Auslaugung permischen vulkanogenen Bleis erklären. Das hochradiogene Blei von San Vicente enthält aller Wahrscheinlichkeit nach eine oberkrustale Bleikomponente aus dem Kraton des brasilianischen Schildes.

2.6.2 Strontium-Isotopie hydrothermaler Gangminerale in Lagerstätten Westdeutschlands

Die Untersuchungen gehen auf eine Anregung von Herrn Dr. R. Hofmann, Hannover, zurück. Es wurden zunächst verschiedene Barytproben aus postvariszischen Gangfüllungen analysiert, die später durch Hinzunahme von Fluorit-, Calcit-, Gips- und Anhydritproben ergänzt wurden. Besonders aufschlußreiche Ergebnisse wurden unabhängig davon durch die Isotopenanalyse von Strontianiten aus dem Münsterland erzielt (Kramm 1985). Hofmann (1979) hatte aufgrund der Aufnahme der Lagerstätten sowie mineralogischer und geochemischer Kriterien sechs Phasen hydrothermaler Barytabscheidung für die deutschen Ganglagerstätten postuliert, die jedoch nicht immer vollständig in allen Gangfüllungen vertreten zu sein schienen. Die Isotopenanalyse der Baryte sollte weitere Kriterien für diese Hypothese liefern.

Die Ergebnisse der Analysen sind, mit Ausnahme der Münsterländer Strontianite, zusammen mit Daten aus der Literatur in Abbildung 2.50 darge-

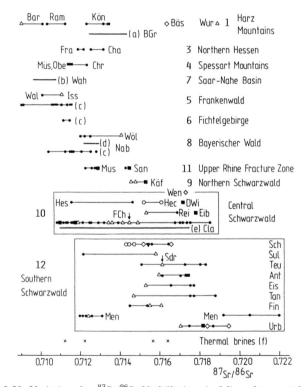

Abbildung 2.50: Variation der ^{87}Sr/^{86}Sr-Verhältnisse in Mineralen westdeutscher hydrothermaler Ganglagerstätten. Punkte: Baryt (Quadrate und Rechtecke: mehr als eine Probe), offene Dreiecke: Fluorit, offene Quadrate: Calcit, Sechsecke: Gips, schwarze Dreiecke: Anhydrit (aus: Baumann und Hofmann 1988).

stellt. Werte, die zu einer Lagerstätte gehören, sind durch einen Querstrich miteinander verbunden. Die Sr-Konzentrationen der verschiedenen Minerale sind sehr unterschiedlich: Strontianit: ca. 60%, Baryt 0.5–4%, Calcit: 0.01–0.04%, Gips: 0.01–0.05%. Die Rb-Gehalte sind kleiner als 0.2 ppm und damit so niedrig, daß eine Korrektur für radiogenes ^{87}Sr nicht erforderlich ist. Die hohen Sr-Konzentrationen im Baryt verringern die Gefahr der Verfälschung des ^{87}Sr/^{86}Sr-Verhältnisses durch Kontaminierung. Die Analyse der Baryte ergibt deshalb – ganz zu schweigen vom Strontianit – am ehesten repräsentative Werte.

Bei Betrachtung der Abbildung 2.50 ist zunächst festzustellen, daß das Strontium in keiner der untersuchten Gangmineralisationen eine Mantelkomponente erkennen läßt. Auch ist ein wesentlicher Anteil an Meerwasserstrontium, wenn man auch hier von den Strontianiten absieht, nicht auszumachen. Diese besitzen die niedrigsten und gleichzeitig einheitlichsten ^{87}Sr/^{86}Sr-Verhältnisse von 0.70752±0.00005 (Kramm 1985). Die Homogenität ist Hinweis auf eine große und einheitliche Quelle. Sie existiert nach Kramm in den Campan-Kalksteinen des südlichen Münsterlandes mit hohen Sr-Gehalten (1900 ppm) und einer Sr-Isotopie, die mit der Strontianite übereinstimmt. Das ^{87}Sr/^{86}Sr-Verhältnis entspricht dem des Meerwassers im Campan (Burke et al. 1982). Strontium aus Fossilschalen des Santons und älterer Ablagerungen weist hingegen niedrigere Isotopenverhältnisse auf und stimmt mit den geringeren Verhältnissen des Meerwasserstrontiums zu jener Zeit überein. Das Strontium der Strontianite ist somit aller Wahrscheinlichkeit nach lateralsekretionär aus den Campan-Sedimenten zugeführt worden.

Gänzlich anders ist die Situation bei den anderen, in Abbildung 2.50 aufgeführten Gangmineralisationen. Die Variation des ^{87}Sr/^{86}Sr-Verhältnisses innerhalb eines Vorkommens übersteigt bei weitem die analytische Ungenauigkeit. Sie nimmt offensichtlich mit der isotopischen Heterogenität der Nebengesteine bzw. der der weiteren Umgebung zu, durch die sich die hydrothermalen Lösungen bewegt haben. Selbst zwischen den verschiedenen Generationen einer Gangfüllung können die Unterschiede in den Isotopenverhältnissen Werte annehmen, welche nahezu die gesamte isotopische Variation innerhalb der Lagerstätte erreichen (Abbildung 2.51).

2.7 Beiträge zur Archäometallurgie

2.7.1 Blei-Isotopenuntersuchungen an bronzezeitlichen Verhüttungsprodukten

In der Archäometallurgie war die Frage der prähistorischen Nutzung von Fahlerzen für die Kupfergewinnung lange Zeit umstritten. Sie konnte beantwortet werden, als auf dem Lus-Plateau bei Kundl im Unterinntal, Tirol (51 km NE' Innsbruck), in der spätbronzezeitlichen Schicht Kundl III Fahlerzreste und Fahlerzverhüttungsschlacken gefunden wurden. Außerdem waren bei der geologisch-lagerstättenkundlichen Neubearbeitung im Revier Burgstall der Fahlerz-

2 Das „Zentrallaboratorium für Geochronologie" (ZLG) in Münster

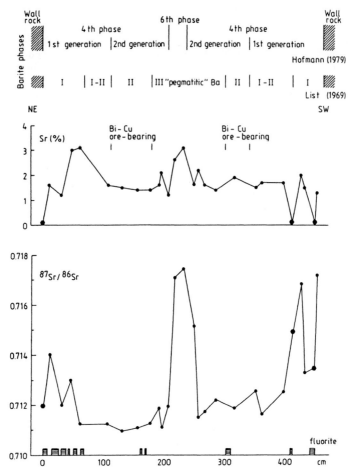

Abbildung 2.51: Verteilung der Sr-Konzentration und Sr-Isotopie in Querprofil durch einen Baryt-Fluorit-Gang der Grube Clara, Schwarzwald (aus: Baumann und Hofmann 1988).

lagerstätte Schwaz (26 km NE' Innsbruck) Spuren prähistorischer Bergbautätigkeit entdeckt worden. Damit stellte sich die Frage, ob für die Kupferverhüttung bei Kundl, bei Brixlegg (41 km NE' Innsbruck) und in der Tischhofer Höhle bei Kufstein Fahlerze aus den nahe gelegenen Vorkommen des Typs Schwaz-Brixlegg verwendet worden waren, oder ob die Erze aus anderen Bereichen der Alpen stammten. Von den Herren Prof. Dr. Klemm und Prof. Dr. Kossack, München, wurde deshalb vorgeschlagen, die Erze und Verhüttungsprodukte durch Bestimmung ihrer Blei-Isotopie zu charakterisieren. Die Untersuchungen wurden von Herrn Dipl.-Geol. Maurer unter Berücksichtigung der bronzezeitlichen Verhüttungstechnologien von Fahlerzen durchgeführt. Neben der Isotopenanalyse von Fahlerzen und Verhüttungsschlacken wurden auch Kupfergußkuchen sowie Kupferbarren und Bronzebarren von außerhalb des Inntals untersucht. Bei den Kupferbarren handelt es sich um die sog. Ösenringbarren von Grubmoos bei Starnberg. Hier sollten die Blei-Isotopendaten Hinweise auf eine mögliche Herkunft aus dem Unterinntal liefern.

Die Isotopenzusammensetzung des Bleis aus den Fahlerzen und Kupfergußkuchen überlappt sich kaum mit den Pb-Isotopie-Bereichen anderer Lagerstätten der Alpen, so daß sich für den Fall der Fahlerze vom Typ Schwaz-Brixlegg eine vergleichsweise günstige Situation ergibt. Kupfererzeugnisse aus diesen Erzen sollten, wenn nicht mit anderem Kupfer vermischt, sich durch die Isotopie des Bleis zu erkennen geben.

In dem ^{207}Pb/^{204}Pb-vs.-^{206}Pb/^{204}Pb-Diagramm der Abbildung 2.52 ist die Blei-Isotopie aus den Verhüttungsprodukten durch umrandete Felder dargestellt. Die Punkte bezeichnen Isotopenverhältnisse der Fahlerze aus Lagerstät-

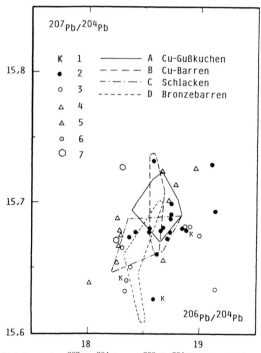

Abbildung 2.52: Blei-Isotopie (^{207}Pb/^{204}Pb vs. ^{206}Pb/^{204}Pb) der Verhüttungsprodukte und Erze. (A) Kupfergußkuchen (Volders), (B) Kupferbarren (Grubmoos b. Starnberg), (C) Schlacken (mehrere Lokalitäten im Unterinntal und in der Steiermark), (D) Bronzebarren (Montlinger Berg, Oberrheintal, CH), (1) Daten von Köppel (1988, schriftl. Mitt.), (2) Fahlerze der Lagerstätte Schwaz-Brixlegg, (3) Fahlerze anderer ostalpiner Lagerstätten, (4) Fahlerze archäologischer Fundorte, (5) Chalkopyrit aus der archäologischen Fundstätte Kundl, (6) Galenit von Brixlegg (Köppel 1988, schriftl. Mitt.), (7) Schlacke von Ritten bei Bozen.

ten und archäologischen Fundstellen. Außerdem sind die Daten für Kupfergußkuchen einer Verhüttungsschlacke von Ritten bei Bozen angegeben.

Mit Ausnahme eines Fahlerzes aus der Tischofer Höhle fällt die Blei-Isotopenzusammensetzung der Erze aus den archäologischen Fundkomplexen in den Bereich jener der Fahlerze aus den Lagerstätten von Schwaz-Brixlegg. Die Blei-Isotopie der Schlacken von verschiedenen Lokalitäten im Unterinnt sowie in der Steiermark und der Kupfergußkuchen aus dem Gräberfeld von Volders zeigt eine Verwandtschaft mit der Blei-Isotopie der Fahlerze. Ösenringbarren weisen eine sehr geringe Streuung auf und liegen mitten im Feld der Fahlerze, so daß eine Herkunft aus dem Unterinntal wahrscheinlich ist. Die Bronzebarren aus dem Oberrheintal weichen isotopisch etwas davon ab, fallen aber noch großenteils in das Feld der Fahlerze.

2.7.2 Blei-Isotopie mittelalterlicher Gläser

Das Projekt ist eine Weiterführung von Untersuchungen an mittelalterlichen Gläsern, die von Herrn Prof. Dr. Wedepohl, Göttingen, initiiert wurden.

Die Grundsubstanz zur Herstellung von Glas ist SiO_2. Bei Temperaturen unter $573°C$ kann sich das SiO_2 in völlig geordnetem Zustand befinden; es liegt dann das Mineral Quarz mit einer Dichte von 2.65 g/cm^3 vor. Die Baueinheiten sind SiO_4^{4-}-Tetraeder, wobei jedes einzelne dieser Tetraeder über Sauerstoffbrücken mit jeweils vier weiteren SiO_4-Tetraedern verknüpft ist und somit ein regelmäßiges Netzwerk bildet: Das SiO_2 ist ein idealer Netzwerkbildner.

Bei einer Temperatur von $1707°C$ geht Quarz in eine Schmelze über. Wird diese Schmelze schnell abgekühlt, bildet sich ein Kieselglas, in dem die SiO_4-Tetraeder nicht mehr regelmäßig miteinander verknüpft sind. Das Kieselglas hat deshalb eine geringere Dichte von 2.2 g/cm^3.

Die Netzwerkbildung kann durch Netzwerkwandler behindert und verzögert werden. Als „Verunreinigungen" setzen sie den Schmelzpunkt herab. Solche Netzwerkwandler sind Alkalimetalle (Na, K) und Erdalkalimetalle (Ca, Mg), aber auch Blei, das Kalium teilweise substituieren kann. So ergeben sich folgende Schmelzpunkte (°C):

Quarz:	1707
Ca-Na-Glas mit 69% SiO_2, 9.5% CaO, 14% Na_2O:	1100
PbO-SiO_2-Glas mit 33–35% SiO_2:	≈ 950
PbO-SiO_2-Glas mit (durchschnittlich) 70% PbO u. 27% SiO_2:	710–770

Infolge niedriger Schmelzpunkte war die Herstellung von Bleigläsern in verhältnismäßig einfach eingerichteten Werkstätten und Glashütten möglich, und an die Materialeigenschaften der Tiegel und Gerätschaften mußten keine sehr hohen Ansprüche gestellt werden. Außerdem zeichnen sich Bleigläser durch erhöhte Brillanz aus.

Das Mineral Galenit (Bleiglanz, PbS) kann 1 bis 2% Silber enthalten. Erze, die dieses Mineral enthalten, wurden im Mittelalter zur Silbergewinnung z.B. im Harz abgebaut. Das Silber wurde bei einem Röstprozeß abgetrennt,

2.7 Beiträge zur Archäometallurgie

wobei Bleioxid (PbO) entstand, das als Rohstoff bei der Glasherstellung Verwendung finden konnte.

Archäologische Bleiglas-Funde können Informationen über prähistorischen und mittelalterlichen (Buntmetall-)Bergbau liefern, denn ihre Blei-Isotopie kann auf die Herkunft des Bleis schließen lassen. Durch die Blei-Isotopen-Zusammensetzung kann in günstigen Fällen eine Lagerstätte oder ein Lagerstättenbereich charakterisiert werden. Die Blei-Isotopie der Gläser kann deshalb auch Hinweise auf die Silberproduktion in Mitteleuropa geben.

Die untersuchten Glas-Fragmente stammen von gelben und grünen mittelalterlichen Glasbechern (13./14. Jahrhundert), die hauptsächlich in Mitteleuropa gefunden wurden. Analysiert wurden 23 Proben von 7 deutschen Fundorten (Lübeck, Braunschweig, Corvey, Brunshausen, Köln, Neuß, Mainz) und 9 Proben von Fundorten in den Niederlanden (Zwolle), Belgien (Gent), Schweden (Kalmar), England (Knaresborough Castle/Yorkshire, Nottingham) und Frankreich (St. Denis). Die Blei-Isotopen-Daten dieser Proben lassen sich in ^{207}Pb/^{204}Pb-vs. ^{206}Pb/^{204}Pb-Diagrammen zu vier Gruppen A, B, C und D zu-

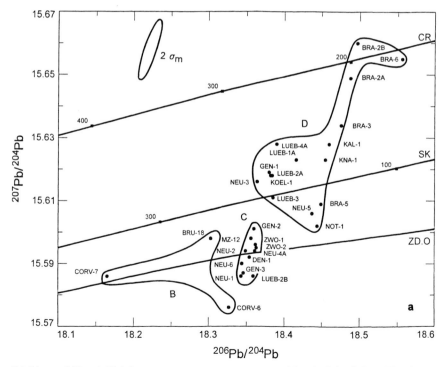

Abbildung 2.53: a) Blei-Isotopenzusammensetzung von 32 mittelalterlichen Bleigläsern und Entwicklungskurven von kontinentalem Blei nach: Cumming und Richards (1975), Stacey und Kramers (1975) und Zartman und Doe (1981; Orogene).

2 Das „Zentrallaboratorium für Geochronologie" (ZLG) in Münster

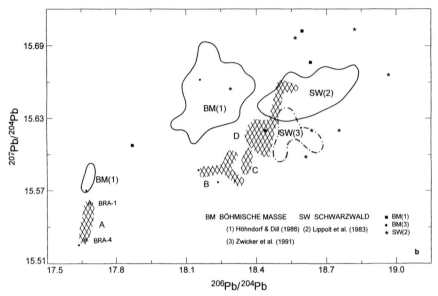

Abbildung 2.53: b) Blei-Isotopie der Gruppen A, B, C und D von Blei-Gläsern (kreuzschraffiert) verglichen mit den Bereichen der Isotopenzusammensetzung von Blei-Erzen der Böhmischen Masse und des Schwarzwaldes (aus: Wedepohl und Baumann 1997).

sammenfassen (Abbildungen 2.53a und 2.53b). Das Blei dieser Proben stammt aus Herkunftsgebieten mit Blei einer durchschnittlichen krustalen Isotopenzusammensetzung (Abbildung 2.53a). Die Blei-Isotopen-Gruppen wurden zum Vergleich zusammen mit Blei-Isotopen-Daten verschiedener europäischer Lagerstätten in weitere Diagramme eingezeichnet.

Das Blei der Gruppe A (2 Proben aus Braunschweig) läßt sich genetisch präkambrischen Lagerstätten in der Böhmischen Masse (Bodenmais, Waldsassen) zuordnen (Abbildung 2.53b).

Gruppe B (Corvey und Brunshausen) zeigt bleiisotopische Verwandtschaft mit variskischen Erzen der mitteldevonischen syngenetischen Sulfidlagerstätte Rammelsberg/Harz (Abbildung 2.54a) und/oder mit variskischen Gangerzen von Bensberg-Braubach und Holzappel-Ems im Rheinischen Schiefergebirge (Abbildung 2.54b).

Gruppe C umfaßt ein Drittel der Proben (Lübeck, Neuss, Mainz, St. Denis (F), Gent (B), Zwolle (NL)) und zeigt dennoch die geringste Streuung der Blei-Isotopen-Zusammensetzung, d.h. das Feld nimmt die geringste Fläche in den Diagrammen ein. Es gibt keine abbauwürdige deutsche Lagerstätte, die die Pb-Isotopen-Signatur dieser Gruppe zeigt, sieht man vom Kupferschiefer ab (Abbildung 2.54a). Es wird jedoch ernsthaft bezweifelt, ob das dünne metallreiche Kupferschieferband im Mittelalter abgebaut und die Erze verhüttet werden konnten. Es ist sehr wahrscheinlich, daß die Pb-Isotopen-Daten der Gruppe C

2.7 Beiträge zur Archäometallurgie

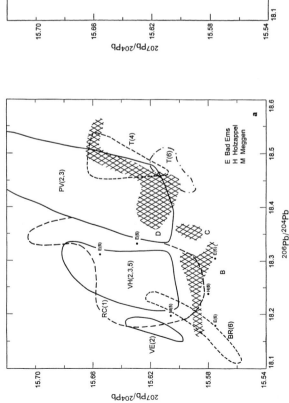

BR (Braubach, Untereschbach, Bensberg); Post-Variskische Gänge: PV – Eifel, Hunsrück, Aachen-Stolberg, T – Taunus; Variskische Gänge: VE – Eifel, VH – Hunsrück, Ramsbeck; RC – Ruhrkarbon

(1) Diedel & Baumann (unveröff.), (2) Krahn und Baumann (1996), (3) Large et al. (1983), (4) Lévêque & Jakobus (1994), (5) Wedepohl et al. (1978), (6) Zwicker et al. (1991)

CU – Kupferschiefer (Norddeutschland), H – Oberharz (einschl. Bad Grund), R – Rammelsberg, Z – Zechstein (Harz), DU – Metallfunde bei Düna

(1) Brockner & Klappauf (1993), (2) Lévêque & Haack (1993), (3) Wedepohl et al. (1978) und unveröff. Daten von Diedel & Baumann, (4) Zwicker et al. (1991)

Abbildung 2.54: Blei-Isotopie der Gruppen B, C und D von Blei-Gläsern (kreuzschraffiert) verglichen mit den Bereichen der Isotopenzusammensetzung von a) variskischen und post-variskischen Blei-Erzen des Rheinischen Schiefergebirges, b) Blei-Erzen des Harzes und aus dem Kupferschiefer (aus: Wedepohl und Baumann 1997).

123

eine Mischung von syngenetischen variskischen Erzen aus dem Rammelsberg und postvariskischen Gangerzen aus dem Oberharz (Typ Bad Grund) repräsentieren. Ein solches Mischerz fand schon zur Herstellung von verschiedenen anderen Artefakten Verwendung, wie z.B. einer Messingbrosche des 9./10. Jahrhunderts, ausgegraben bei Düna am Harzrand, und von drei Silbermünzen, geprägt zwischen den Jahren 990 und 1024 als sog. Otto-Adelheid-Pfennige in Norddeutschland (wahrscheinlich Goslar).

Der Wismut-Gehalt hat großen Einfluß auf die Prägeeigenschaften des Silbers. 1% Bi im Silber macht dieses zum Prägen zu spröde. Die Rammelsberg-Erze können bis 0.5% Bi enthalten, während das Ag/Bi-Verhältnis in den Harzer Ganglagerstätten um drei- bis fünfmal höher ist als im Rammelsberg. Die Prägeeigenschaften des Rammelsberg-Silbers wurden durch Zumischung von Erzen aus den Gängen verbessert.

Das Bleioxid für die Gläser der Gruppe D (Lübeck, Braunschweig, Köln, Neuss, Gent (B), Kalmar (S), Knaresborough Castle und Nottingham (GB)) kann aus verschiedenen Quellen stammen: Postvariskische Ganglagerstätten des Harzes, der Eifel, des Hunsrücks, des Taunus (Abbildung 2.54b) zeigen eine ähnliche Blei-Isotopen-Signatur. Für die Gläser aus England kann das Blei sowohl aus Lagerstätten von Süd- und Mittelengland als auch von Wales abgeleitet werden.

Die Untersuchungen zeigen, daß ein wesentlicher Teil des Bleioxids zur Herstellung von mittelalterlichen Blei-Gläsern aus Harzer Erzen stammt und damit mit dem Silber-Bergbau in Verbindung steht.

2.8 Literatur

Abdullah, N. (1997): Geochronologische und petrographische Untersuchungen im Umfeld der kontinentalen Forschungstiefbohrung in Ostbayern. Diss. Univ. Münster, 146 S.

Abdullah, N.; Grauert, B.; Krohe, A. (1994a): U-Pb- und Rb-Sr-Untersuchungen von Metagraniten der Mylonitzone von Floß-Altenhammer und einer Probe des Leuchtenberger Granits. KTB-Rep. 94-2, p. B37, Niedersächsisches Landesamt für Bodenforschung, Hannover, Germany.

Abdullah, N.; Krohe, A.; Grauert, B. (1994b): Altersbestimmungen von HT-Myloniten der Mylonitzone von Floß-Altenhammer und eines Gneisvorkommens im Leuchtenberger Granit. KTB-Rep. 94-2, p. B36, Niedersächsisches Landesamt für Bodenforschung, Hannover, Germany.

Albat, F.; Grauert, B.; Hansen, B. T. (1989): Sr-Isotopenverteilung in einem Kleinbereichsprofil durch Gneise der Bohrung Püllersreuth (ZEV). KTB-Rep. 89-3, 442, Niedersächsisches Landesamt für Bodenforschung, Hannover, Germany.

Appleyard, E.C. (1965): A preliminary description of the geology of the Dønnesfjord area, Sørøy. Norsk Geol. Unders. 231, 144–164.

Appleyard, E.C. (1967): Nepheline gneisses of the Wolfe Belt, Lyndoch Township, Ontario. I. Structure, stratigraphy, and petrography. Can. J. Earth Sci. 6, 371–395.

Appleyard, E.C. (1969): Nepheline gneisses of the Wolfe Belt, Lyndoch Township, Ontario. II. Textures and mineral paragenesis. Can. J. Earth Sci. 6, 689–717.

2.8 Literatur

Appleyard, E.C. (1974): Synorogenic igneous alkaline rocks of eastern Ontario and northern Norway. Lithos 7, 147–169.
Ayrton, S. (1974): Rifts, evaporites and the origin of certain alkaline rocks. Geol. Rdsch. 63, 430–450.
Bachmann, G. (1985): Untersuchungen zum Strontium-Isotopenaustausch in polymetamorphen Bändergneisen Nordwest-Argentiniens. Diss. Univ. Münster, 197 S.
Bachmann, G.; Grauert, B. (1986): Altersbestimmung mit $^{87}Sr/^{86}Sr$-Ungleichgewichtsverteilungen. Fortschr. Mineral. 64, Beih. 1, 12.
Bachmann, G.; Grauert, B.; Miller, H. (1985): Isotopic dating of polymetamorphic metasediments from Northwest Argentina. Zbl. Geol. Paläont. Teil I, 1257–1268.
Barker, D.S. (1976): Phase relations in the system $NaAlSiO_4$-SiO_2-NaCl-H_2O at 400–800 °C and 1 kilobar, and petrologic implications. J. Geol. 84, 97–106.
Baumann, A.; Hofmann, R. (1988): Strontium isotope systematics of hydrothermal vein minerals in deposits of West Germany. Geol. Rdsch. 77, 747–762.
Baumann, A.; Grauert, B.; Mecklenburg, S.; Vinx, R. (1991): Isotopic age determinations on crystalline rocks of the Upper Harz Mountains, Germany. Geol. Rdsch. 80, 669–690.
Beckinsale, R. D.; Drury, S. A.; Holt, W. (1980): 3360 Myr old gneisses from the South Indian Craton. Nature 283, 469–470.
Beckinsale, R. D.; Reeves Smith, G.; Gale, N. H.; Holt, R. W. (1982): Rb-Sr and Pb-Pb whole-rock isochron ages and REE data for Archean gneisses and granites, Karnataka State, South India: Indo-U.S. workshop on the Precambrian of South India (Abs.), NGRI, Hyderabad, p. 35.
Bellido, E. (1969): Sinopsis de la geología del Perú. Servicio Geol. Min. Perú Bol. 22, 54 S.
Blümel, P. (1983): The western margin of the Bohemian Massif in Bavaria. Exk. E4, DFG SFMC Joint Meeting 1983. Fortschr. Mineral. 61, Beih. 2, 171–195.
Buhl, D. (1987): U-Pb- und Rb-Sr-Altersbestimmungen und Untersuchungen zum Strontium-Isotopenaustausch an Granuliten Südindiens. Diss. Univ. Münster, 197 S.
Burke, H. W.; Denison, R. E.; Hetherington, E. A.; Koepnick, R. B.; Nelson, H. F.; Ott, J.B. (1982): Variation of seawater $^{87}Sr/^{86}Sr$ throughout Phanerozoic time. Geology 10, 516–519.
Copeland, P.; Parrish, R. R.; Harrison, T. M. (1988): Identification of inherited radiogenic Pb in monazite and implications for U-Pb systematics. Nature 333, 760–763.
Cumming, G. L.; Richards, J. R. (1975): Ore lead ratios in a continuously changing earth. Earth Planet Sci. Lett. 28, 155–171.
Currie, K. L. (1975): The geology and petrology of the Ice river alkaline complex, British Columbia. Bull. Geol. Surv. Canada 245, 68 pp.
Doe, B. R.; Zartman, R. E. (1979): Plumbotectonics – The Phanerozoic. In: H.L.Barnes (ed.), Geochemistry of Hydrothermal Ore Deposits. Wiley, New York, 22–70.
Dörr, W.; Franke, W.; Kramm, U. (1989): U/Pb-Daten von Zirkonen klastischer Sedimente – Beiträge zur Entwicklung der Böhmischen Masse. KTB-Report 89-3, 351.
Edel, J. B.; Fuchs, K.; Gelbke, C.; Prodehl, C. (1975): Deep structure of the southern Rhinegraben area from seismic refraction investigations. J. Geophys. 41, 33–356.
Eisbacher, G. H.; Lüschen, E.; Wickert, F. (1989): Thrusting and extension in the Hercynian. Tectonics 8, 2–21.
Flöttmann, T. (1988): Strukturentwicklung, p-T-Pfade und Deformationsprozesse im Zentralschwarzwälder Gneiskomplex. Frankfurter Geowiss. Arb. Serie A, Bd. 6, 206 S.
Flöttmann, T.; Kleinschmidt, G. (1989): Structural and basement evolution in the central Schwarzwald gneiss complex. In: R. Emmermann; J. Wohlenberg (eds.), The German Continental Drilling Program (KTB). Springer, Heidelberg, 265–275.
Fontboté, L.; Gunnesch, K. A.; Baumann, A. (1990): Metal sources in stratabound ore deposits in the Andes (Andean Cycle) – Lead isotopic constraints. In: L. Fontboté; G. C. Amstutz; M. Cardozo; E. Cedillo; J. Frutos (eds.), Stratabound Ore Deposits in the Andes. Springer, Berlin Heidelberg, 759–773.
Gebauer, D.; Grünenfelder, M. (1979): U-Pb zircon and Rb-Sr mineral dating of eclogites and their country rocks, example: Münchberg Gneiss Massif, NE-Bavaria. Earth Planet. Sci. Lett. 42, 5–44.

Gehlen, K. von; Kleinschmidt, G.; Stenger, R.; Wilhelm, H.; Wimmenauer, W. (1986): Kontinentales Tiefbohrprogramm der Bundesrepublik Deutschland. Ergebnisse der Vorerkundungsarbeiten, Lokation Schwarzwald. 2nd KTB-Colloquium Seeheim, Odenwald, 160 S.

Geis, H. P. (1979): Nepheline syenite on Stjernøy, northern Norway. Econ. Geol. 74, 1286–1295.

Gittins, J. (1961): Nephelinitization in the Haliburton-Bancroft district, Ontario, Canada. J. Geol. 69, 291–308.

Glodny, J. (1997): Der Einfluß von Deformation und fluidinduzierter Diaphthorese auf radioaktive Zerfallssysteme in Kristallingesteinen. Diss. Univ. Münster, 262 S.

Glodny, J.; Grauert, B.; Krohe, A.; Fiala, J., Vejnar, Z. (1995): Altersinformationen aus Pegmatiten der westlichen Böhmischen Masse (ZEV, Teplà-Barrandium, Moldanubikum). Poster presented at 8th Annual KTB Colloquium, KTB-Koordinatorenbüro, Univ. Gießen, Gießen, Germany, May 25 and 26, 1995.

Glodny, J.; Grauert, B.; Fiala, J.; Vejnar, Z.; Krohe, A. (1998): Metapegmatites in the Western Bohemian Massif: Ages of crystallisation and metamorphic overprint as constrained by U-Pb zircon, monazite, garnet, columbite and Rb-Sr muscovite data. Geol. Rundsch. 87, 124–134.

Grauert, B.; Baumann, A.; Kalt, A. (1990): Variszische HT-Mylonite und Anatexite im zentralen Schwarzwald – Ergebnisse aus Rb-Sr-Altersbestimmungen an Gesamtgesteinen. Ber. Deutsch. Mineral. Ges. Beih. z. Eur. J. Mineral. Vol. 2, 1990, No. 1, 81.

Grauert, B.; Lork, A.; O'Brien, P. (1994): Altersbestimmungen akzessorischer Zirkone und Monazite aus der KTB-Vorbohrung. KTB-Rep. 94-2, B30, Niedersächsisches Landesamt für Bodenforschung, Hannover, Germany.

Greshake, A. (1993): Untersuchungen zum Einfluß der Gesteinsdeformation auf die Isotopenverteilung von Strontium. Diplomarbeit Univ. Münster, 146 S.

Gunnesch, K. A.; Baumann, A.; Gunnesch, M. (1990): Lead isotope variations across the central Peruvian Andes. Econ. Geol. 85, 1384–1401.

Hanel, M.; Wimmenauer, W. (1990): Petrographische Indizien für einen Deckenbau im Kristallin des Schwarzwaldes. Ber. Deutsch. Mineral. Ges. Beih. z. Eur. J. Mineral. Vol. 2, No. 1, 89.

Hanel, M.; Lippolt, H. J.; Kober, B.; Wimmenauer, W. (1993): Lower Carboniferous granulites in the Schwarzwald basement near Hohengeroldseck (SW-Germany). Die Naturwissenschaften 1, 25–28.

Haverkamp, J. (1991): Detritus-Analyse unterdevonischer Sandsteine des Rheinisch-Ardennischen Schiefergebirges und ihre Bedeutung für die Rekonstruktion der sedimentliefernden Hinterländer. Diss. RWTH Aachen, 226 S.

Heaman, L.; Parrish, R. (1991): U-Pb geochronology of accessory minerals. In: L. Heaman; J. N. Ludden (eds.), Applications of radiogenic isotope systems to problems in geology. Mineral. Ass. Canada Short Course Handbook 19, 59–102.

Hölzl, S.; Köhler, H. (1994): Zirkondatierungen an Gesteinen der KTB. KTB-Rep. 94-2, p. B35, Niedersächsisches Landesamt für Bodenforschung, Hannover, Germany.

Hofmann, R. (1979): Die Entwicklung der Abscheidungen in den gangförmigen hydrothermalen Barytvorkommen Mitteleuropas. Monograph Series on Mineral Deposits 17, Gebrüder Bornträger, Berlin, Stuttgart, pp. 81–213.

Hradetzki, H.; Lippolt, H. J.; Kober, B. (1990): Rb/Sr-Gesamtgesteins-Untersuchungen an metamorphen Gesteinen des zentralen Schwarzwaldes. Ber. Deutsch. Mineral. Ges., Beih. z. J. Eur. Mineral. Vol. 2, 1990, No. 1, 112.

Ivanov, S. N.; Perfiliev, A. S.; Efimov, A. A.; Smirnov, G. A.; Necheukhin, V. M.; Fershtater, G. B. (1975): Fundamental features in the structure and the evolution of the Urals. Am. J. Sci. 275-A, 107–130.

Jäger, E.; Geiss, J.; Niggli, E.; Streckeisen, A.; Wenk, E.; Wüthrich, H. (1961): Rb-Sr-Alter an Gesteinsglimmern der Schweizer Alpen. Schweiz. Mineral. Petrogr. Mitt. 41, 255–272.

Kalt, A. (1990): Isotopengeologische Untersuchungen an Metabasiten des Schwarzwaldes und ihren Rahmengesteinen. Freiburger Geowiss. Beitr. 3, 185 S.

2.8 Literatur

Kalt, A.; Grauert, B.; Baumann, A. (1994): Rb-Sr and U-Pb isotope studies on migmatites from the Schwarzwald (Germany): constraints on isotope resetting during Variscan high-temperature metamorphism. J. Metamorph. Geol. 12, 667–680.

Klein, H.; Wimmenauer, W. (1994): Eclogites and their retrograde transformation in the Schwarzwald (Fed. Rep. Germany). N. Jb. Miner., Mh. 1, 25–38.

Knüver, M. (1981): Geochronologische und granittektonische Untersuchungen in der Sierra de Ancasti (Provinz Catamarca, Argentinien). Diss. Univ. Münster, 169 S.

Knüver, M.; Miller, H. (1981): Ages of metamorphic and deformational events in the Sierra de Ancasti (Pampean Ranges, Argentina). Geol. Rundsch. 70, 1020–1029.

Knüver, M.; Miller, H. (1982): Rb-Sr geochronology of the Sierra de Ancasti (Pampean Ranges, NW Argentina). Quinto Congreso Latinoamericano de Geología, Argentina, Actas III, 457–471.

Köhler, H.; Müller-Sohnius, D.; Cammann, K. (1974): Rb/Sr-Altersbestimmungen an Mineral- und Gesamtgesteinsproben des Leuchtenberger und Flossenbürger Granits (NE-Bayern). N. Jb. Mineral., Abh. 123, 63–85.

Kramm, U. (1985): Sr-Isotopenuntersuchungen zur Genese der Strontianitlagerstätte Münsterland/Westfalen. Fortschr. Miner. 63, Beih. 1, 124.

Kramm, U. (1994): Isotope evidence for ijolite formation by fenitization: Sr-Nd data of ijolites from the type locality Iivaara, Finland. Contrib. Mineral. Petrol. 115, 279–286.

Kreuzer, H.; Henjes-Kunst, F.; Seidel, E.; Schüssler, U.; Bühn, B. (1993): Ar-Ar spectra on minerals from KTB and related medium-pressure units. KTB Rep. 93-2, pp. 133–136, Niedersächsisches Landesamt für Bodenforschung, Hannover, Germany.

Krogh, T. E. (1964): Strontium isotope variation and whole rock isochron studies in the Grenville province of Ontario. In: 12th Ann. Prog. Rep., Cambridge, Mass., Dept. Geol. Geophys., MIT, 73–124.

Krogh, T. E.; Hurley, P. M. (1968): Strontium isotopic variations and whole-rock isochron studies, Grenville Province of Ontario. J. Geophys. Res. 73, 7107–7125.

Levin, V. Y. (1974): The Ilmenogorsk-Vishnevogorsk alkaline province. Nauka, 222 pp., Moscow (Russ.)

Mecklenburg, S. (1987): Geochronologische und isotopengeochemische Untersuchungen an Gesteinen des Brockenintrusivkomplexes (Westharz). Diss. Univ. Hamburg, 79 S.

Mezger, K.; Rawnsley, C. M.; Bohlen, S. R.; Hanson, G. N. (1991): U-Pb garnet, sphene, monazite and rutile ages: implications for the duration of high-grade metamorphism and cooling histories, Adirondacks Mts., New York. J. Geol. 99, 415–428.

Mezger, K.; Essene, E. J.; Halliday, A. N. (1992): Closure temperature of the Sm-Nd system in metamorphic garnets. Earth Planet. Sci. Lett. 113, 397–409.

Miller, H.; Willner, A. P. (1981): The Sierra de Ancasti (Catamarca Province, Argentina), an example of polyphase deformation of Lower Paleozoic age in the Pampean Ranges. Zbl. Geol. Paläont. Teil I, 272–284.

Miller, H.; Söllner, F.; Loske, W. (1990): U-Pb-Datierungen an Zirkonen aus Gneisen der KTB-Vorbohrung. KTB-Rep. 90-4, 544, Niedersächsisches Landesamt für Bodenforschung, Hannover, Germany.

Nicolaysen, L. O. (1961): Graphic interpretation of discordant age measurements on metamorphic rocks. Ann. New York Acad. Sci. 91, 198–206.

O'Brien, P. J.; Röhr, C.; Okrusch, M., Patzak, M. (1992): Eclogite facies relics and a multistage breakdown in metabasites of the KTB pilot hole, NE Bavaria: Implications for the Variscan tectonometamorphic evolution of the NW Bohemian Massif. Contrib. Mineral. Petrol. 112, 261–278.

O'Brien, P.J.; Duyster, J.; Grauert, B.; Schreyer, W.; Stöckhert, B.; Weber, K. (1997): Crustal evolution of the KTB drill site: from oldest to late Hercynian granites. J. Geophys. Res. 102, 18 203–18 220.

Parrish, R. R. (1988): U-Pb systematics of monazites and a preliminary estimate of its closure temperature based on natural examples. Geol. Ass. Canada, Progr. with Abstr. 13, A94.

Perfiliev, A. S. (1979): Ophiolitic belt of the Urals: Notes to accompany the International Atlas of Ophilites. Geol. Soc. Amer., Map and Chart Ser. MC-33, 9–12.

Quadt, A. von (1990): U-Pb zircon and Sm-Nd analyses on metabasites from the KTB pilot borehole. KTB Rep. 90-4, p. 545, Niedersächsisches Landesamt für Bodenforschung, Hannover, Germany.
Quadt, A. von; Gebauer, D. (1993): Sm-Nd and U-Pb dating of eclogites and granulites from the Oberpfalz, NE Bavaria, Germany. Chem. Geol. 109, 317-339.
Raith, M.; Raase, P.; Ackermand, D.; Lal, R. K. (1983): Regional geothermobarometry in the granulite terrains of South India. Trans. Royal. Soc. (Edinburgh), Earth Sci. 73, 221-224.
Röhr, C. (1990): Die Genese der Leptinite und Paragneise zwischen Nordrach und Gengenbach im mittleren Schwarzwald. Frankfurter Geowiss. Arb. C11, 159 S.
Ronenson, B. M. (1966): The origin of miaskites and the associated rare-metal mineralizations. Nedra, Ser. Geol. Mestor. Red. Elem. 28, Moscow, 174 pp. (Russ.).
Schleicher, H.; Keller, J.; Kramm, U. (1990): Isotopic studies on alkaline volcanics and corbonatites from the Kaiserstuhl, Federal Republic of Germany. Lithos 26, 21-35.
Schleicher, H.; Baumann, A.; Keller, J. (1991): Pb isotopic systematics of alkaline volcanic rocks and carbonatites from the Kaiserstuhl, Upper Rhine rift valley, F.R.G. Chem. Geol. 93, 231-243.
Schüssler, U; Oppermann, U.; Kreuzer, H.; Seidel, E.; Okrusch, M.; Lenz, K.-L.; Raschka, H. (1986): Zur Altersstellung des ostbayerischen Kristallins – Ergebnisse neuer K-Ar-Datierungen. Geol. Bav. 89, 21-47.
Shanin, L. L.; Kononova, V. A.; Ivanov, I. B. (1967): On application of nepheline for K-Ar geochronometry. Izv. Akad. Nauk SSSR, Geol. Ser. 5, 19-39 (Russ.).
Siebel, W. (1993): Der Leuchtenberger Granit und seine assoziierten magmatischen Gesteine: Zeitliche und stoffliche Entwicklungsprozesse im Verlauf der Entstehung des Nordoberpfalz-Plutons. Diss. Univ. Heidelberg, 308 S.
Simon, K.; Hoefs, J. (1993): O, H, C isotope study of rocks from the KTB pilot hole: Crustal profile and constraints on fluid evolution. Contrib. Mineral. Petrol. 114, 42-52.
Söllner, F.; Miller, H. (1994): U-Pb systematics on zircons from chlorite gneiss of metavolcanic layer V4 (7260-7800 m) from the KTB-Hauptbohrung. KTB Rep. 94-2, p. B31, Niedersächsisches Landesamt für Bodenforschung, Hannover, Germany.
Söllner, F.; Nelson, D. (1995): Polyphase growth history of the gneiss zircons from the continental deep drilling program (KTB): Preliminary evidence from U-Th-Pb ion microprobe analyses (SHRIMP). Terra Nova 7 (Abstr. suppl. 1), 350.
Sørensen, H. (1974): The Alkaline Rocks. Wiley, London, 622 pp.
Stacey, J. S.; Kramers, J. D. (1975): Approximation of terrestrial lead isotope evolution by a two-stage model. Earth Planet. Sci. Lett. 26, 207-221.
Stosch, H. G.; Lugmair, G. W. (1990): Geochemistry and evolution of MORB-type eclogites from the Münchberg Massif, southern Germany. Earth Planet. Sci. Lett. 99, 230-249.
Tembusch, H. (1983): Rb-Sr-Isotopenanalysen im Kleinbereich am Beispiel kalksilikatfelsführender Paragneise des Bayerischen Waldes. Diss. Univ. Münster, 190 S.
Tera, F.; Wasserburg, G. J. (1974): U-Th-Pb systematics in lunar rocks and interferences about lunar evolution and the age of the moon. Proc. 5th Lunar Sci. Conf. 2, 1571-1599.
Teufel, S. (1988): Vergleichende U-Pb- und Rb-Sr-Altersbestimmungen an Gesteinen des Übergangsbereichs Saxothuringikum/Moldanubikum, NE-Bayern. Göttinger Arb. Geol. Paläontol. 35, 1-87.
Teufel, S.; Ahrendt, H.; Hansen, B. T. (1992): U-Pb-Isotopensystematik von Monaziten aus metamorphen Gesteinen der Oberpfalz. KTB-Rep. 92-4, 319-331, Niedersächsisches Landesamt für Bodenforschung, Hannover, Germany.
Vinx, R. (1982): Das Harzburger Gabbromassiv, eine orogenetisch geprägte layered intrusion. N. Jb. Miner., Abh. 144, 1-28.
Vinx, R. (1983): Magmatische Gesteine des Westharzes. Fortschr. Miner. 61, Beih. 2, 3-30.
Wagner, G. A.; Reimer, G.M.; Jäger, E. (1977): Cooling ages derived by apatite fission track, mica Rb-Sr and K-Ar dating: The uplift and cooling history of the Central Alps. Mam. Ist. Geol. Min. Univ. Padova XXX, Italy.

Wawrzenitz, N. (1997): Mikrostrukturell unterstützte Datierung von Deformationsinkrementen in Myloniten: Dauer der Exhumierung und Aufdomung des metamorphen Kernkomplexes der Insel Thasos (Süd-Rhodope, Nordgriechenland). Diss. Univ. Erlangen-Nürnberg, 192 S.

Wedepohl, K. H.; Baumann, A. (1997): Isotope composition of Medieval lead glasses reflecting early silver production in Central Europe. Mineral. Deposita 32, 292–295.

Weingartner, H.; Hejl, E. (1994): The relief generations of Thasos and the first attempt of fission-track dating in Greece. 7th Congr. Geol. Soc. Greece, Thessaloniki, Abstr., 105.

Werchau, A.; Schleicher, H.; Kramm, U. (1989): Erste Altersbestimmungen an Monaziten des Schwarzwaldes. Ber. Deutsch. Mineral. Ges. Beih. z. Eur. J. Mineral. Vol. 1, No. 1, 197.

Wetherill, G. W. (1963): Discordant uranium-lead ages – Pt. 2, Discordant ages resulting from diffusion of lead and uranium. J. Geophys. Res. 68, 2957–2965.

Willner, A. P. (1983a): Mehrphasige Deformation und Metamorphose im altpaläozoischen Grundgebirge des Nordteils der Sierra de Ancasti (Provinz Catamarca, NW-Argentinien). Diss. Univ. Münster, 203 S.

Willner, A. P. (1983b): La geología de la Sierra de Ancasti. – Evolución metamórfica. Münster. Forsch. Geol. Paläont. 59, 189–200.

Wimmenauer, W.; Stenger, R. (1989): Acid and intermediate HP metamorphic rocks in the Schwarzwald (Federal Republic of Germany). Tectonophysics 157, 109–116.

Yardley, B. W. D. (1977): An empirical study of diffusion in garnet. Amer. Mineralogist 62, 793–800.

Zartman, R. E.; Doe., B. R. (1981): Plumbotectonics – The model. Tectonophysics 75, 135–162.

2.9 Die Projekte am ZLG seit 1976 (s. a. Abbildungen 2.55, 2.56, 2.57) Gastforscherprogramm: [a]Erstantragsteller, [b]Mitantragsteller, [c]Bearbeiter; Ortsangaben beziehen sich auf die Zeit der Antragstellung bzw. der Bearbeitung der Projekte

1. Prof. Dr. Rainer Altherr[a], Universität Karlsruhe, Institut für Petrographie und Geochemie: *Isotopengeochemische Inhomogenitäten in I-Typ-Granitoiden und ihre Bedeutung für die Genese dieser Gesteine.* Dr. Friedhelm Henjes-Kunst[c], Karlsruhe.
2. Dr. Hans Ahrendt[a], Universität Göttingen, Geologisch-Paläontologisches Institut; Dr. Bent T. Hansen[b], ZLG: *Geochronologische Erfassung von geodynamischen Prozessen im Raume Fichtelgebirge/nördliche Oberpfalz (Grenze Saxothuringikum/Moldanubikum).* Dipl.-Geol. Stephan Teufel[c], Göttingen.
3. Dr. Hans Ahrendt[a], Universität Göttingen, Institut für Geologie und Dynamik der Lithosphäre; Dr. Bent T. Hansen[b], ZLG: *U-Pb-Systematik an Monaziten in Metamorphiten.* Dipl.-Geol. Stephan Teufel[c], Göttingen.
4. Prof. Dr. G. Christian Amstutz[a] und Prof. Dr. Arndt Wauschkuhn[b], Universität Heidelberg, Mineralogisch-Petrographisches Institut; in Zusammenarbeit mit Dr. Albrecht Baumann, ZLG: *Lagerstättenbildung und ihre Beziehung zum tertiären Plutonismus in Zentral-Peru.* Dr. Klaus A. Gunnesch[c], Heidelberg.
5. Prof. Dr. G. Christian Amstutz[a] und Prof. Dr. Arndt Wauschkuhn[b], Universität Heidelberg, Mineralogisch-Petrographisches Institut; in Zusammenarbeit mit Dr. Albrecht Baumann, ZLG: *Genetische Untersuchung ausgewählter Magmatite und ihrer Erzführung in Zentral-Peru anhand von Bleiisotopen- und Altersbestimmungen.* Dr. Klaus A. Gunnesch[c], Heidelberg.

2 Das „Zentrallaboratorium für Geochronologie" (ZLG) in Münster

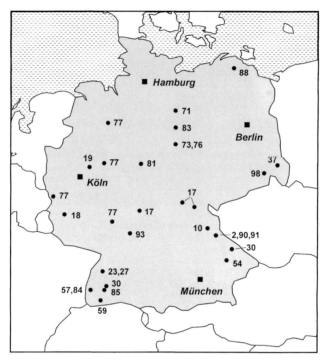

Abbildung 2.55: Projekte des ZLG in Deutschland. (Die Ziffern beziehen sich auf die Nummern der in Abschnitt 2.9 aufgezählten Projekte.)

6. Dr. Albrecht Baumann[a], Technische Universität Braunschweig, Geologisch-Paläontologisches Institut: *Bleiisotopenanalysen an Erzschlämmen und Gesteinen des Roten Meeres.* Dr. Albrecht Baumann[c], Braunschweig.
7. Dr. Albrecht Baumann, Dr. Bent T. Hansen, Dr. Friedhelm Henjes-Kunst, ZLG: *Analyse von natürlichen Gesteinsproben zur Verwendung als Gesteinsstandards.*
8. Dr. Karsten Berg[a], Universidad de Chile, Santiago de Chile, Departamento de Geología y Geofísica: *Granitoide Entwicklung unter Berücksichtigung der Rahmengesteine im Rio Choapa-Profil der chilenischen Anden.* Dr. Karsten Berg[c], Santiago de Chile.
9. Prof. Dr. Lutz Bischoff[a], Universität Münster, Geologisch Paläontologisches Institut; in Zusammenarbeit mit Dr. Albrecht Baumann, ZLG: *Radiometrische Altersdatierungen an Metamorphiten des kastilischen Hauptscheidegebirges, Zentralspanien.* Dr. Heiko Wildberg[c], Karlsruhe.
10. Prof. Dr. Peter Blümel[a], Technische Hochschule Darmstadt, Institut für Mineralogie; Prof. Dr. Borwin Grauert[b], ZLG: *Isotopengeochronologie und Petrologie eines metamorphen Granat-Gestein-Systems.* Cand. geol. Sebastian Reich[c], Darmstadt.
11. Dr. Alexander Deutsch[a], Universität Münster, Institut für Mineralogie und Geologische Bundesanstalt Wien: *Die frühalpidische Metamorphose in der Goldeckgruppe (Kärnten).* Dr. Alexander Deutsch[c], Münster.
12. Dr. Alexander Deutsch[a], Universität Münster, Institut für Planetologie: *Isotopensystematik hochgeschockter Kristallinproben des Haughton-Domes, Kanada.* Dr. Alexander Deutsch[c], Münster.

2.9 Die Projekte am ZLG seit 1976

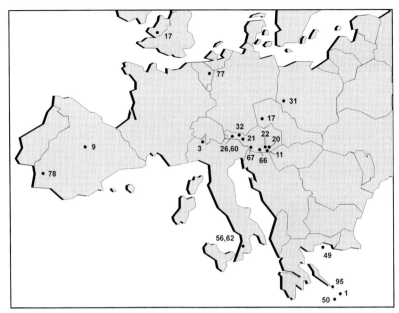

Abbildung 2.56: Projekte des ZLG in Mittel-, Südwest- und Südost-Europa. (Die Ziffern beziehen sich auf die Nummern der in Abschnitt 2.9 aufgezählten Projekte.)

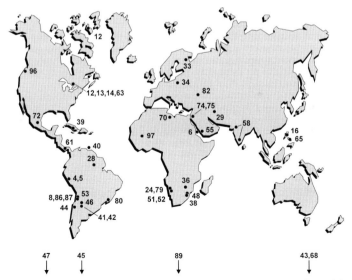

Abbildung 2.57: Projekte des ZLG in Ost-Europa, Asien, Afrika, Nord- und Südamerika und in der Antarktis. (Die Ziffern beziehen sich auf die Nummern der in Abschnitt 2.9 aufgezählten Projekte.)

2 Das „Zentrallaboratorium für Geochronologie" (ZLG) in Münster

13. Dr. Alexander Deutsch und Prof. Dr. Dieter Stöffler[a], Universität Münster, Institut für Planetologie; Prof. Dr. Elmar Jessberger[b], Max-Planck-Institut für Kernphysik, Heidelberg: *Der Einfluß von Impaktprozessen auf die radiometrischen Isotopensysteme terrestrischer, lunarer und meteoritischer Gesteinsproben.* Dr. Alexander Deutsch[c], Münster.
14. PD Dr. Alexander Deutsch[a], Universität Münster, Institut für Planetologie: *Die Bildung der Impaktschmelze (SIC) im Multiring-Becken Sudbury (Kanada).* Dipl.-Chem. Markus Ostermann[c], Münster.
15. PD Dr. Alexander Deutsch[a], Universität Münster, Institut für Planetologie; Graduiertenkolleg „Entstehung und Entwicklung des Sonnensystems" (Sprecher Prof. Dr. Tilman Spohn)[b]: *Die räumliche Verteilung der meteoritischen Komponenten in Impaktgesteinen.* Dipl.-Chem. Thomas Hölker[c], Münster.
16. Prof. Dr. Hansgeorg Förster[a], RWTH Aachen, Institut für Mineralogie und Lagerstättenlehre: *Datierung des Alkaligesteinskomplexes von Cordon, Nordluzon, Philippinen.* Dr. Ulrich Knittel[c], Aachen.
17. Prof. Dr. Wolfgang Franke[a], Universität Gießen, Geologisch-Paläontologisches Institut; Prof. Dr. Kurt von Gehlen[b], Universität Frankfurt, Institut für Geochemie, Petrologie und Lagerstättenkunde: *Schwermineralbestand und Altersbestimmungen im Detritus variszischer Plattenränder: Geologische Ereignisfolge und paläogeographische Verteilung.* Dipl.-Geol. Wolfgang Dörr[c], Gießen.
18. Prof. Dr. Günther Friedrich[a], RWTH Aachen, Institut für Mineralogie und Lagerstättenlehre; in Zusammenarbeit mit Dr. Albrecht Baumann, ZLG: *Bleiisotopenuntersuchungen an Vererzungen und Nebengesteinen im linksrheinischen Schiefergebirge und angrenzenden Gebieten.* Dipl.-Geol. Ludger Krahn[c], Aachen.
19. Prof. Dr. Günther Friedrich[a], RWTH Aachen, Institut für Mineralogie und Lagerstättenlehre; in Zusammenarbeit mit Dr. Albrecht Baumann, ZLG: *Untersuchung der Blei- und Strontium-Isotopie in ausgewählten Proben des Kupferschiefers der Niederrheinischen Bucht.* Dr. Ralf Diedel[c], Aachen.
20. Prof. Dr. Wolfgang Frisch, Prof. Dr. Jürgen Kullmann, Prof. Dr. Jörg Loeschke, Dr. Franz Neubauer, Prof. Dr. Joachim Neugebauer[a], Universität Tübingen, Institut für Geologie und Paläontologie: *Geodynamische Aspekte der Entwicklung des kaledonisch-variszischen Orogens in den Alpen und ihrem nördlichen Vorland.* Dr. Franz Neubauer[c], Tübingen.
21. Prof. Dr. Wolfgang Frisch[a], Universität Tübingen, Institut für Geologie und Paläontologie: *Genese der voralpidischen Gneis-Amphibolitfolgen im östlichen Tauernfenster, Ostalpen.* Dipl.-Geol. Gerhard Vavra[c], Tübingen.
22. Prof. Dr. Wolfgang Frisch[a], Universität Tübingen, Institut für Geologie und Paläontologie: *Genese und geotektonische Bedeutung der Plagioklasgneise im ostalpinen Basiskristallin.* Dipl.-Geol. Norbert Haiß[c], Tübingen.
23. Prof. Dr. Kurt von Gehlen[a], Universität Frankfurt/Main, Institut für Geochemie, Petrologie und Lagerstättenkunde; Dr. Richard Hofmann[b], Universität Hannover, Institut für Kristallographie und Petrographie; Prof. Dr. Borwin Grauert[b], ZLG: *Strontium-Isotope in frischen und gebleichten Gneisen und Graniten im Schwarzwald.* Dr. Albrecht Baumann[c], ZLG.
24. Prof. Dr. Udo Haack und Dipl.-Geophys. Emil Gohn[a], Universität Göttingen, Geochemisches Institut: *Altersbestimmungen mit der Rb-Sr-Methode an Gesteinen des Damara-Orogens.* Dipl.-Geophys. Emil Gohn[c], Göttingen.
25. Prof. Dr. Jochen Hoefs[a], Universität Göttingen, Geochemisches Institut; Dr. M. Deb[b], Delhi University, Indien, Department of Geology: *Isotopenuntersuchungen an präkambrischen stratiformen Baryten Indiens.* Dr. Albrecht Baumann[c], ZLG.
26. Prof. Dr. Rudolf Höll[a], Universität München, Institut für Allgemeine und Angewandte Geologie; Dr. Bent T. Hansen[b], ZLG: *Radiometrische Altersbestimmungen (U-Pb an Zirkonen und Rb-Sr am Gesamtgestein) im Winnebachsee-Gebiet, Ötztal-Kristallin.* Dr. Frank Söllner[c], München.
27. Dr. Richard Hofmann[a], Universität Hannover, Mineralogisches Institut: *Strontium-Isotopenuntersuchungen an Baryten.* Dr. Albrecht Baumann[c], ZLG.

2.9 Die Projekte am ZLG seit 1976

28. Dr. Andreas Hoppe[a], Universität Freiburg i.Br., Geologisch-Paläontologisches Institut und Dr. Carlos Schobbenhaus[b], Departamento Nacional da Produção Mineral, Brasilia, Brasilien: *Datierung proterozoischer saurer Effusivgesteine und Granitoide Amazoniens/Brasilien*. Dipl.-Geol. Anette Lork und Dr. Albrecht Baumann[c], ZLG.
29. Prof. Dr. Dieter Jung und Prof. Dr. Mahmud Tarkian[a], Universität Hamburg, Mineralogisch-Petrographisches Institut; Prof. Dr. Friedhelm Thiedig[b], Universität Hamburg, Geologisch-Paläontologisches Institut: *Geochronologische und isotopengeochemische Untersuchungen an jungen Magmatiten des Ostirans SP Iraniden*. Dr. Albrecht Baumann[c], ZLG.
30. Dr. Angelika Kalt[a], Universität Karlsruhe, Institut für Petrographie und Geochemie; Prof. Dr. Borwin Grauert[b], ZLG; in Zusammenarbeit mit Dr. Albrecht Baumann, ZLG: *Migmatitbildung als Beispiel für Stoff- und Isotopenaustausch bei der variszischen Orogenese – Fallstudien im Schwarzwald und im Bayerischen Wald*. Dr. Angelika Kalt[c], Karlsruhe.
31. Dr. Reiner Klemd[a], Fachbereich Geowissenschaften, Universität Bremen; Dr. Michael Bröcker[b], ZLG: *Gewinnung von Eckdaten für die Modellierung komplexer Orogenprozesse. Charakterisierung metamorpher Fluide und Rekonstruktion der Hebungsgeschichte am Ostrand der Böhmischen Masse*. Dr. Michael Bröcker[c], ZLG.
32. Prof. Dr. Dieter Klemm[a], Universität München, Institut für Allgemeine und Angewandte Geologie; Prof. Dr. Georg Kossack[b], Universität München, Institut für Vor- und Frühgeschichte; in Zusammenarbeit mit Dr. Albrecht Baumann, ZLG: *Untersuchungen und Rekonstruktion der bronzezeitlichen Verhüttungstechnologie von Fahlerzen in Kundl und im Unterinntal (Österreich)*. Dipl.-Geol. Heinz-Peter Maurer[c], München.
33. Prof. Dr. Ulrich Kramm[a], RWTH Aachen, Institut für Mineralogie und Lagerstättenlehre: *Quantifizierung des Stoffaustauschs mit Hilfe der Sr-Isotopenzusammensetzung am Beispiel der Fenitaureolen der alkalimagmatischen Intrusionen Iivaara und Sokli, Finnland*. Dipl.-Geol. Sven Sindern[c], Aachen.
34. Prof. Dr. Ulrich Kramm[a], RWTH Aachen, Institut für Mineralogie und Lagerstättenlehre; in Zusammenarbeit mit Dipl.-Min. J. Glodny[b], ZLG: *Die dänisch-norddeutsch-polnischen Kaledoniden und ihr nördliches Vorland: Biostratigraphie, Sedimentpetrographie, Tektonik, Metamorphose und Geochronologie des Altpaläozoikums und älteren Devons (Old red) – Untersuchungen von Bohrungen und Übertageaufschlüssen*. Dipl.-Geol. Robert Tschernoster[c], Aachen.
35. Prof. Dr. Ulrich Kramm[a], RWTH Aachen, Institut für Mineralogie und Lagerstättenlehre; in Zusammenarbeit mit Dipl.-Min. J. Glodny, ZLG: *Bleiisotope als Indikatoren für geogene und anthropogene Schadstoffbelastungen*. Dipl.-Geol. Renate Metzger[c], Aachen.
36. Prof. Dr. Ulrich Kramm[a], RWTH Aachen, Institut für Mineralogie und Lagerstättenlehre; in Zusammenarbeit mit Dipl.-Min. J. Glodny, ZLG: *Datierung von Pegmatitkörpern der Renco-Goldmine im südlichen Simbabwe*. Cand. min. Tanja Kempen[c], Aachen.
37. Dr. Manfred Krauß[a], Universität Greifswald, Fachgebiet Geowissenschaften; Dr. Michael Bröcker[b], ZLG: *Quantitative und zeitliche Deformationsanalyse in den zonenbis flächenhaft beanspruchten Granitoiden des Lausitzer Granodiorit-Komplexes und des angrenzenden Isergebirgs-Komplexes*. Dr. Michael Bröcker[c], ZLG.
38. Prof. Dr. Alfred Kröner[a], Universität Mainz, Institut für Geowissenschaften: *Rb-Sr-Datierung von Vulkaniten der unteren Pongola-Serie, Südafrika*. Stud. geol. Axel Tegtmeyer[c], Mainz.
39. Prof. Dr. Walter V. Maresch[a], Ruhr-Universität Bochum, Institut für Mineralogie; Dr. Klaus-Peter Stanek[b], Technische Universität Bergakademie Freiberg, Institut für Geologie; in Zusammenarbeit mit Dr. Albrecht Baumann, ZLG: *Druck-Temperatur-Deformation-Zeit-Entwicklung und spätorogene strukturelle Entwicklung eines metamorphen Kernkomplexes am Beispiel des Escambray-Massivs im zentralkubanischen Kollisionsgürtel*. Dipl. Sc. (New Zealand) Friedemann Grafe[c], Münster, Freiberg.
40. Prof. Dr. Walter V. Maresch[a], Universität Münster, Institut für Mineralogie: *Altersstellung granitoider Gesteine auf der Insel Margarita/Venezuela*. Dipl.-Geol. Rolf Kluge[c], Münster.

2 Das „Zentrallaboratorium für Geochronologie" (ZLG) in Münster

41. Prof. Dr. Hubert Miller[a], Universität Münster, Geologisch-Paläontologisches Institut: *Altersbestimmungen an granitischen Gesteinen der Sierra de Ancasti, NW-Argentinien.* Cand. geol. Petra Fischbach[c], Münster.
42. Prof. Dr. Hubert Miller[a], Universität Münster, Geologisch-Paläontologisches Institut: *Datierung granitischer Gesteine und Metasedimente der Sierra de Ancasti, NW-Argentinien.* Dipl.-Geol. Meinolf Knüver[c], Münster.
43. Prof. Dr. Hubert Miller[a], Universität Münster, Geologisch-Paläontologisches Institut: *Alter und Abstammung der metamorphen Gesteine der Daniels Range, USARP-Gebirge, Nord-Viktorialand, Antarktis.* Dr. Christopher J. Adams[c], Lower Hutt, New Zealand.
44. Prof. Dr. Hubert Miller[a], Universität Münster, Geologisch-Paläontologisches Institut: *U-Pb-Altersbestimmungen an möglichen präkambrischen Zirkonen Chiles.* Dr. Estanislao Godoy[c], Santiago, Chile.
45. Prof. Dr. Hubert Miller[a], Universität München, Institut für Allgemeine und Angewandte Geologie: *Das präandine Grundgebirge der antarktischen Halbinsel im Vergleich mit der Südspitze Südamerikas.* Dr. Werner Loske[c], München.
46. Prof. Dr. Hubert Miller[a], Universität München, Institut für Allgemeine und Angewandte Geologie: *Geochronologie und Geochemie der ältesten Granite NW-Argentiniens und U-Pb-Alter ihrer jungpräkambrischen/unterkambrischen Hüllgesteine.* Dipl.-Geol. Anette Lork[c], Münster.
47. Prof. Dr. Hubert Miller[a], Universität München, Institut für Allgemeine und Angewandte Geologie: *U-Pb-Altersbestimmung von Zirkonen aus Graniten des Ellsworth Theil Ridge, Antarktis.* Dr. Ian Millar[c], British Geological Survey, London.
48. Prof. Dr. Giulio Morteani[a], Technische Universität München, Lehrstuhl für angewandte Mineralogie: *Genese und Vererzung frühachaischer Granitoide in Swaziland.* Dipl.-Geol. Robert Trumbull[c], München.
49. Prof. Dr. Günther Nollau[a], Universität Erlangen, Geologisch-Mineralogisches Institut; Dr. Albrecht Baumann[b], ZLG; in Zusammenarbeit mit Dr. Alexander Krohe, ZLG: *Altersstellung von Ortho- und Paragesteinen im Rhodopenkristallin der Insel Thasos (Nordgriechenland).* Dipl.-Geol. Nicole Wawrzenitz[c], Münster, Erlangen.
50. Prof. Dr. Martin Okrusch[a], Universität Würzburg, Institut für Mineralogie: *Datierung granitischer Gesteine der Insel Ios, Griechenland.* Dipl.-Geol. Friedhelm Henjes-Kunst[c], Münster.
51. Prof. Dr. Martin Okrusch[a], Universität Würzburg, Institut für Mineralogie: *Massive Sulfiderz-Lagerstätten im Matchless-Amphibolite-Belt (Damara-Orogen, Südwestafrika/Namibia) – Bildungsmilieu und Metamorphose.* Dipl.-Geol. Christine Kukla[c], Würzburg.
52. Prof. Dr. Martin Okrusch[a], Universität Würzburg, Institut für Mineralogie; Dr. Ulrich Kramm[b], ZLG: *Isotopenhomogenisierung unter amphibolitfaziellen Metamorphosebedingungen.* Dipl.-Min. Anja Dombrowski[c], Würzburg.
53. Dr. Siegfried Pichowiak[a], Freie Universität Berlin, Institut für Geologie: *Geochemie, Petrologie und Geochronologie andiner Plutonite entlang eines Profils Antofagasta (Chile) – Salta (Argentinien).* Dr. Siegfried Pichowiak[c], Berlin.
54. Prof. Dr. Giselher Propach[a], Universität München, Institut für Mineralogie und Petrographie; in Zusammenarbeit mit Dr. Albrecht Baumann, ZLG: *U-Pb-Isotopenuntersuchungen an Zirkonen des Ödwieser Granits und seiner Nebengesteine, Bayerischer Wald.* Dipl.-Geol. Michael Schulz-Schmalschläger[c], München.
55. Prof. Dr. Harald Puchelt und Prof. Dr. Rainer Altherr[a], Universität Karlsruhe, Institut für Petrographie und Geochemie; in Zusammenarbeit mit Dr. Albrecht Baumann, ZLG: *Isotopenuntersuchungen an Mantelgesteinen aus dem Bereich des Roten Meeres.* Dr. Friedhelm Henjes-Kunst[c], Karlsruhe.
56. Prof. Dr. V. Schenk[a], Mineralogisch-Petrographisches Institut der Universität Kiel; in Zusammenarbeit mit Dr. Michael Bröcker, ZLG: *Petrologie und Geochronologie von hochgradigen Metamorphiten und Graniten der Sila.* Dipl.-Min. Thorsten Graeßner[c], Kiel.

2.9 Die Projekte am ZLG seit 1976

57. Prof. Dr. Helmut Schleicher[a], Universität Freiburg i.Br., Mineralogisch-Petrographisches Institut: *Geochronologie und Isotopengeochemie mittel- bis hochdruckmetamorpher Gesteine im prävariszischen Grundgebirge des Schwarzwalds.* Dipl.-Geol. Angelika Werchau[c], Freiburg.
58. Prof. Dr. Helmut Schleicher[a],Universität Heidelberg, Mineralogisch-Petrographisches Institut: *Isotopengeochemie indischer Karbonatite und assoziierter Alkaligesteine.* Dipl.-Min. Fatemeh Tavaf-Djalali[c], Heidelberg.
59. Prof. Dr. Helmut Schleicher[a], Universität Heidelberg, Mineralogisch-Petrographisches Institut; Prof. Dr. Wolfhard Wimmenauer[b], Universität Freiburg i.Br., Mineralogisch-Petrographisches Institut; Prof. Dr. Borwin Grauert[b], ZLG: *Geochronologie und Petrologie der Metagabbros des Südschwarzwaldes und benachbarter Einheiten des Moldanubikums.* Dipl.-Min. Manfred Ludwig[c].
60. Prof. Dr. Klaus Schmidt[a], Universität München, Institut für Allgemeine und Angewandte Geologie: *Radiometrische Altersbestimmungen im Ötztal-Kristallin.* Dr. Frank Söllner[c], München.
61. Prof. Dr. Schmidt-Effing[a], Universität Münster, Geologisch-Paläontologisches Institut; in Zusammenarbeit mit Dr. Albrecht Baumann, ZLG: *Untersuchungen zur Genese des ophiolithischen Nicoya-Komplexes, Costa Rica.* Dipl.-Geol. Heiko Wildberg[c], Münster.
62. Prof. Dr. Werner Schreyer[a], Ruhr-Universität Bochum, Institut für Mineralogie: *Radiometrische Altersbestimmungen an Gesteinen des Kalabrischen Massivs, Italien.* Dr. Volker Schenk[c], Bochum.
63. Prof. Dr. Dieter Stöffler[a], Universität Münster, Institut für Planetologie; PD Dr. Elmar Jessberger[b], Max-Planck-Institut für Kernphysik, Heidelberg: *Der Einfluß von Impaktprozessen auf die radiometrischen Isotopensysteme terrestrischer, lunarer und meteoritischer Gesteinsproben.* Dr. Alexander Deutsch[c], Münster.
64. Prof. Dr. Dieter Stöffler[a], Universität Münster, Institut für Planetologie; Prof. Dr. Lutz Bischoff[b], Universität Münster, Geologisch-Paläontologisches Institut; Prof. Dr. Waltraut Seitter[b], Universität Münster, Astronomisches Institut, Projekt „*Erde-Mond-System*": Dr. Alexander Deutsch[c], Münster.
65. Prof. Dr. Mahmud Tarkian[a], Universität Hamburg, Mineralogisch-Petrographisches Institut; in Zusammenarbeit mit Dr. Albrecht Baumann, ZLG: *Sr-Isotopenanalysen und Rb-Sr-Altersdatierungen an Subvulkaniten der Porphyry-Copper-Lagerstätten auf der Insel Cebu/Philippinen.* Dipl.-Geol. Martin Kerntke[c], Hamburg.
66. Prof. Dr. Friedhelm Thiedig[a], Universität Münster, Geologisch-Paläontologisches Institut; Dr. Albrecht Baumann[b], ZLG: *Altersbestimmungen und Isotopengeochemie an Gesteinen des Saualpen-Kristallins, Kärnten/Österreich.* Dipl.-Geol. Hans-Uwe Heede[c], Münster.
67. Prof. Dr. Friedhelm Thiedig[a], Universität Münster, Geologisch-Paläontologisches Institut; Dr. Alexander Deutsch[b],Universität Münster, Institut für Planetologie: *Rb-Sr-Altersbestimmungen an Staurolith und Granat aus der Plankogelserie/Saualpe (Kärnten/Österreich).* Cand. geol. Peter Kunz[c], Münster.
68. Prof. Dr. Friedhelm Thiedig[a], Universität Münster, Geologisch-Paläontologisches Institut: *Isotopische Altersbestimmungen und Isotopengeochemie an Gesteinen des North-Victorialandes (Ostantarktis).* Dipl.-Geol. Susanne Klee[c], Münster.
69. Prof. Dr. Friedhelm Thiedig[a], Universität Münster, Geologisch-Paläontologisches Institut; Prof. Dr. Borwin Grauert[b], ZLG: *Untersuchungen zum Problem der Altersbestimmung granulitfazieller Metamorphosen.* Dipl.-Geol. Susanne Klee[c], Münster.
70. Prof. Dr. F. Thiedig[a], Universität Münster, Institut für Geologie und Paläontologie: *Altersbestimmungen an Graniten Libyens.* Dr. Albrecht Baumann[c], ZLG.
71. Prof. Dr. D. Thies[a], Universität Hannover, Geologisch-Paläontologisches Institut: *Mikrovertebratenreste aus dem nordwesteuropäischen Oberjura – Systematik, Stratigraphie und Palökologie (einschließlich Sr-Isotopen-Untersuchungen).* Dipl.-Geol. Alexander Mudroch[c], Hannover.
72. Prof. Dr. Heinz Jürgen Tobschall[a], Universität Mainz, Institut für Geowissenschaften: *Sr- und Nd-Isotopenuntersuchungen zur Frage der Assimilation kontinentaler*

Krustengesteine durch Andesite des östlichen Transmexikanischen Vulkangürtels. Dipl.-Geol. Thomas Besch[c], Mainz.
73. Priv.-Doz. Dr. Roland Vinx[a], Universität Hamburg, Mineralogisch-Petrographisches Institut; Prof. Dr. Borwin Grauert[b], ZLG; in Zusammenarbeit mit Dr. Albrecht Baumann, ZLG: *Geochronologische Untersuchungen an Zirkonen Westharzer Plutonite.* Dipl.-Min. Sabine Mecklenburg[c], Hamburg.
74. Prof. Dr. Horst Wachendorf[a], Technische Universität Braunschweig, Geologisch-Paläontologisches Institut; in Zusammenarbeit mit Dr. Albrecht Baumann, ZLG: *Altersbestimmungen im präkambrischen Kristallin nördlich von Akaba, Jordanien.* Ghaleb Jarrar[c], M. Sc., Braunschweig.
75. Prof. Dr. Horst Wachendorf[a], Technische Universität Braunschweig, Geologisch-Paläontologisches Institut; in Zusammenarbeit mit Dr. Albrecht Baumann, ZLG: *Die jungproterozoisch-kambrische Innenmolasse des Wadi Araba (SW-Jordanien).* Dr. Ghaleb Jarrar[c], Amman, Jordanien.
76. Prof. Dr. Horst Wachendorf[a], Technische Universität Braunschweig, Institut für Geowissenschaften; Dr. Albrecht Baumann[b], ZLG: *Stratigraphie, U-Pb-Zirkon-Alter, Petrographie und Geochemie unterkarbonischer Tuff-Horizonte des Rhenoherzynikums.* Dipl.-Geol. Endres Trapp[c], Braunschweig.
77. Prof. Dr. Roland Walter[a], RWTH Aachen, Lehrstuhl für Geologie und Paläontologie; Dr. Ulrich Kramm[b], ZLG: *Altersbestimmungen an detritischen Zirkonen im nordwestmitteleuropäischen Paläozoikum (Rheinisches Schiefergebirge, Ardennen, Brabanter Massiv).* Dr. Jutta von Hoegen[c], Aachen und Dipl.-Geol. Jens Haverkamp[c], Aachen.
78. Prof. Dr. Roland Walter und PD Dr. Uwe Giese[a], RWTH Aachen, Lehrstuhl für Geologie und Paläontologie; Dr. Ulrich Kramm[b], ZLG: *Homogenisierung von Isotopensystemen bei orogenen Prozessen in der südlichen Iberischen Meseta.* Dipl.-Geol. Karl-Heinz Hoymann[c] und cand. min. Johannes Glodny[c], Münster.
79. Prof. Dr. Klaus Weber und Dr. Hans Ahrendt[a], Universität Göttingen, Institut für Geologie und Dynamik der Lithosphäre: *Alpinotype Deckentektonik und Basement-Cover-Beziehungen in den oberproterozoischen Serien am Südrand des Damara-Orogens, Namibia.* Dipl.-Geol. Norbert Pfurr[c], Göttingen.
80. Prof. Dr. Klaus Weber-Diefenbach und Dr. Bernd Lammerer[a], Universität München, Institut für Allgemeine und Angewandte Geologie; Dr. Bent T. Hansen[b], ZLG: *Rb-Sr- und U-Pb-Altersbestimmungen an Gesteinen des Alegre-Komplexes (Atlantic mobile belt), südliches Espirito Santo, Brasilien.* Dr. Frank Söllner[c], München.
81. Prof. Dr. Karl Hans Wedepohl[a], Universität Göttingen, Geochemisches Institut: *Bildungsbedingungen von Peridotiten des oberen Mantels und von Metamorphiten der unteren Kruste am Ostrand des Rheinischen Schiefergebirges.* Dr. Kurt Mengel[c], Göttingen.
82. Prof. Dr. Karl Hans Wedepohl[a], Universität Göttingen, Geochemisches Institut: *Geochemie mafischer Vulkanite des Kaukasus-Südhangs.* Dr. Kurt Mengel[c], Göttingen.
83. Prof. Dr. K.H. Wedepohl[a], Universität Göttingen, Geochemisches Institut: *Blei-Isotopenzusammensetzung mittelalterlicher Blei-Gläser – Hinweise auf frühe Silberproduktion in Mitteleuropa.* Dr. Albrecht Baumann[c], ZLG.
84. Prof. Dr. Wolfhard Wimmenauer und Prof. Dr. Jörg Keller[a], Universität Freiburg i.Br., Mineralogisch-Petrographisches Institut; in Zusammenarbeit mit Dr. Albrecht Baumann und Dr. Ulrich Kramm, ZLG: *Altersbestimmungen und Isotopenuntersuchungen an ausgewählten Magmatiten und Metamorphiten (Rheingraben, Kaiserstuhl, Mittelmeerraum).* Dr. Helmut Schleicher[c], Freiburg.
85. Prof. Dr. Wolfhard Wimmenauer[a], Universität Freiburg i.Br., Mineralogisch-Petrographisches Institut; Prof. Dr. Borwin Grauert[b], ZLG: *Isotopengeochemische und geochronologische Untersuchungen zur Genese und Platznahme der hochdruckmetamorphen Gesteine in der Umgebung der KTB-Lokation Schwarzwald.* Dr. habil. Helmut Schleicher[c], Freiburg.

2.10 Verzeichnis der Veröffentlichungen mit Ergebnissen des ZLG

86. Prof. Dr. Werner Zeil[a], Technische Universität Berlin, Institut für Geologie und Paläontologie: *Geologie und Petrologie von Intrusivkörpern und ihrer metasedimentären Rahmengesteine in der Küstenkordillere Chiles.* Dipl.-Geol. Karsten Berg[c], Berlin.
87. Prof. Dr. Werner Zeil[a], Technische Universität Berlin, Institut für Geologie und Paläontologie: *Tektonisch-magmatische Entwicklung im Andensegment zwischen 22° und 24° südlicher Breite (Chile-Argentinien-Bolivien).* Dipl.-Geol. Klaus-Werner Damm[c], Berlin.
88. Arbeitsgruppe Dr. Ulrich Schüssler, Würzburg, Dr. Michael Bröcker, ZLG, Dr. Peter Hoffmann, Darmstadt, Dipl.-Min. Cornelia Rösch, Würzburg und Dr. Peter Steppuhn, Lübeck: *Materialuntersuchungen an Bleiglas-Schmuckperlen aus der früh-slawischen Siedlung Rostock-Dierkow.*
89. Arbeitsgruppe Dr. Ulrich Schüssler, Würzburg, Dr. Michael Bröcker, ZLG, PD Dr. Thomas Will, Würzburg und Dr. Friedhelm Henjes-Kunst, Hannover: *Petrologische und geochronologische Untersuchungen in der Zentralzone des Wilson-Kristallins an der Oates Coast, Antarktis – Ergebnisse von Voruntersuchungen zu einem geplanten DFG-Projekt.*
90. Prof. Dr. Borwin Grauert[a], ZLG; in Zusammenarbeit mit Dr. Alexander Krohe, ZLG: *Altersbestimmungen an Proben der KTB-Bohrungen und des KTB-Umfeldes. Insbesondere Datierung von Pegmatiten sowie methodische Untersuchungen zum Isotopenaustausch als Folge verstärkter Fluideinwirkung.* Dipl.-Min. Johannes Glodny[c], ZLG.
91. Prof. Dr. Borwin Grauert[a], ZLG: *Altersbestimmungen an Proben des KTB-Umfeldes.* Najel Abdullah[c], Msc., ZLG.
92. Prof. Dr. Borwin Grauert, Dipl.-Geol. Karl-Heinz Hoymann, Siegmund Rochnowski, ZLG: *Gerätetest (Massenspektrometer).*
93. Dr. Alexander Krohe, ZLG: *Gesteine des Odenwaldes.*
94. Dr. Alexander Krohe, ZLG: *Strukturgeologie.*
95. Dr. Michael Bröcker, ZLG: *Metamorphe Gesteine der Insel Tinos, Kykladen, Griechenland.*
96. Dr. Michael Bröcker, ZLG: *Phasenpetrologie von Pumpellyit-führenden Meta-Grauwacken aus dem Eastern Franciscan Belt (Nord-Kalifornien).*
97. Dr. Michael Bröcker, ZLG: *Die Mangan-Lagerstätte Nsuta (Ghana): Petrographie und metamorphe Entwicklung.*
98. Prof. Dr. Borwin Grauert, ZLG: *Untersuchungen zur Isotopenverteilung in Myloniten.* Dipl.-Geol. Nicole Wawrzenitz[c], ZLG.

2.10 Verzeichnis der Veröffentlichungen mit Ergebnissen des ZLG (ohne Kurzfassungen, Dissertationen und Habilitationsschriften)

Ahrendt, H.; Glodny, J.; Henjes-Kunst, F.; Höhndorf, A.; Kreuzer, H.; Küstner, W.; Müller-Sigmund, H.; Schüssler, U.; Seidel, P.; Wemmer, K. (1997): Rb-Sr and K-Ar mineral data of the KTB and the surrounding area and their bearing on the tectonothermal evolution of the metamorphic basement rocks. Geol. Rundsch. 86, 251-257.

Altherr, R.; Henjes-Kunst, F.; Matthews, A.; Friedrichsen, H.; Hansen, B. T. (1988): O-Sr isotopic variations in Miocene granitoids from the Aegean: Evidence for an origin by combined assimilation and fractional crystallization. Contrib. Mineral. Petrol. 100, 528–541.

Altherr, R.; Henjes-Kunst, F.; Puchelt, H.; Baumann, A. (1988): Volcanic activity in the Read Sea axial trough – evidence for a large mantle diapir? Tectonophysics 150, 121–133.

Altherr, R.; Henjes-Kunst, F.; Baumann, A. (1990): Asthenosphere versus lithosphere as possible sources for basaltic magmas erupted during formation of the Read Sea: Constraints from Sr, Pb and Nd isotopes. Earth Planet. Sci. Lett. 96, 269–286.
Bachmann, G.; Grauert, B. (1986): Isotopic dating of polymetamorphic metasediments from Northwest Argentina. Zbl. Geol. Paläont. Teil I 1985, 1257–1268.
Bachmann, G.; Grauert, B. (1987): Datación de metamorfismo a base del análisis isotópico Rb/Sr en perfiles de pequeña sección de metasedimentos polimetamórficos en el Noroeste Argentino. In: H. Miller (ed.), Investigaciones Alemanas Recientes en Latinoamerica: Geología. Verlag Chemie, Weinheim, 55-62.
Bachmann, G., Grauert, B., Miller, H. (1985): Isotopic dating of polymetamorphic metasediments from Northwest Argentina. Zbl. Geol. Paläont. Teil I, 1985, 1257–1268.
Baumann, A. (1994): Lead and strontium isotopes in metalliferous and calcareous pelitic sediments of the Red Sea axial trough. Mineral. Deposita 29, 81–93.
Baumann, A.; Hofmann, R. (1988): Strontium isotope systematics of hydrothermal vein minerals in deposits of West Germany. Geol. Rundsch. 77, 747–762.
Baumann, A.; Rassekh, M.; Thiedig, F.; Weggen, J. (1984): Rb/Sr-Altersdatierungen von Vulkaniten aus dem mittleren Nur-Tal (Zentral-Elburz, Iran). Verh. Naturw. Ver. Hamburg 27, 91-106.
Baumann, A.; Spies, O.; Lensch, G. (1984): Strontium isotopic composition of post-ophiolitic Tertiary volcanics between Kashmar, Sabzevar and Ouchan/NE Iran. N. Jb. Geol. Paläont., Abh. 168, 409-416.
Baumann, A.; Grauert, B.; Mecklenburg, S.; Vinx, R. (1991): Isotopic age determinations of crystalline rocks of the Upper Harz Mountains, Germany. Geol. Rundsch. 80, 669-690.
Baumann, A.; El Chair, M.; Thiedig, F. (1992): Panafrican granites from deep wells of the Murzuk Basin (Fezzan), western Libya. N. Jb. Geol. Paläont., Mh. 1992, 1–14.
Berg, K.; Baumann, A. (1985): Plutonic and metasedimentary rocks from the coastal range of northern Chile: Rb-Sr and U-Pb isotopic systematics. Earth Planet. Sci. Lett. 75, 101–115.
Blaxland, A. B.; Gohn, E.; Haack, U.; Hoffer, E. (1979): Rb/Sr ages of late-tectonic granites in the Damara Orogen, Southwest Africa/Namibia. N. Jb. Miner., Mh. 1979, 498-508.
Breitkreuz, C.; Berg, K. (1983): Magmatite in der Küstenkordillere südöstlich von Chañaral/Nordchile. Zbl. Geol. Paläont. Teil I, 3/4, 387–401.
Bridgwater, D.; Austrheim, H.; Hansen, B. T.; Mengel, F. C.; Pedersen, S.; Winter, J. (1990): The Proterozoic Naqssugtoqidian mobile belt of SE Greenland: A link between the eastern Canadian and Baltic shields. Geosci. Canada 17, 305–310.
Bröcker, M.; Franz, L. (1994): The contact aureole on Tinos (Cyclades, Greece): Part I: Field relationships, petrography and P-T conditions. Chem. Erde 54, 262–280.
Bröcker, M.; Day, H.W. (1995): Low-grade blueschist metamorphism of metagreywackes, Franciscan Complex, northern California. J. Metamorphic Geol. 13, 61–78.
Bröcker, M.; Klemd, R. (1996): Ultrahigh-pressure metamorphism in the Snieznik Mountains (Sudetes, Poland): P-T constraints and geological implications. J. Geol. 104, 417–433.
Chernyshev, I. V.; Kononova, V. A.; Kramm, U.; Grauert, B. (1987): Isotopengeochronologie alkalischer Gesteine des Ural im Lichte von Uran-Blei-Daten aus Zirkonen (Russ.). Geokhimiya 3, 323–338.
Damm, K.-W.; Pichowiak, S. (1981): Geodynamik und Magmengenese in der Küstenkordillere Nordchiles zwischen Taltal und Chanaral. Geotekt. Forschung 61, 166 S.
Deb, M.; Hoefs, J.; Baumann, A. (1991): Isotopic composition of two Precambrian stratiform barite deposits from the Indian shield. Geochim. Cosmochim. Acta 55, 303–308.
Deutsch, A. (1988): Isotope systematics in shocked material from the Haughton impact crater (Canada). Naturwissenschaften 75, 355–357.
Deutsch, A. (1988): Die frühalpidische Metamorphose in der Goldeck-Gruppe (Kärnten) – Nachweis anhand von Rb-Sr-Altersbestimmungen und Gefügebeobachtungen. Jb. Geol. B.-A. 131, 553–562.

2.10 Verzeichnis der Veröffentlichungen mit Ergebnissen des ZLG

Deutsch, A. (1990): Shock and annealing do not reset the Rb-Sr system in gneiss samples – An experimental study. Meteoritics 25, 357–358.

Deutsch, A. (1994): Isotope systematics support the impact origin of the Sudbury Structure (Ontario, Canada). In: B. O. Dresler; R. A. F. Grieve; V. L. Sharpton (eds.), Large Meteorite Impacts and Planetary Evolution. Geol. Soc. Amer. Spec. Paper 293, 289–302.

Deutsch, A.; Schärer, U. (1990): Isotope systematics and shock-wave metamorphism I: U-Pb in zircon, titanite, and monazite, shocked experimentally up to 59 GPa. Geochim. Cosmochim. Acta 54, 3427—3434.

Deutsch, A.; Schärer, U. (1994): Dating terrestrial impact events. Meteoritics 29, 301–322.

Deutsch, A.; Stöffler, D. (1987): Rb-Sr-analyses of Apollo 16 melt rocks and a new age estimate for the Imbrium basin: Lunar basin chronology and the early heavy bombardment of the moon. Geochim. Cosmochim. Acta 51, 1951–1964.

Deutsch, A.; Lacomy, R.; Buhl, D. (1989): Strontium and neodymium isotopic characteristics of a heterolithic breccia in the basement of the Sudbury impact structure, Canada. Earth Planet. Sci. Lett. 93, 359–370.

Deutsch, A.; Buhl, D.; Langenhorst, F. (1992): On the significance of crater ages – New ages for Dellen (Sweden) and Araguainha (Brazil). Tectonophysics 216, 205–218.

Deutsch, A.; Grieve, R. A. F.; Avermann, M.; Bischoff, L.; Brockmeyer, P.; Buhl, D.; Lakomy, R.; Müller-Mohr, N. N.; Ostermann, M.; Stöffler, D. (1995): The Sudbury Structure (Ontario, Canada): A tectonically deformed multi-ring impact basin. Geol. Rundschau 84, 697–709.

Deutsch, A.; Ostermann, M.; Masaitis, V. L. (1997): Geochemistry and Nd-Sr isotope signature of tektite-like objects (Urengoites, South-Ural glass). Meteoritics Planet. Sci. 32.

Fischbach, P.; Knüver, M.; Miller, H.; Reisinger, M.; Tembusch, H. (1980): Rb-Sr-Datierung des Granits von El Alto, Sierra Ancasti, Nordwest-Argentinien. Münstersche Forsch. Geol. Paläont. 51, 151–159.

Fontboté, L.; Gunnesch, K. A.; Baumann, A. (1990): Metal sources in stratabound ore deposits in the Andes (Andean Cycle) – Lead isotopic constraints. In: L. Fontboté; G. C. Amstutz; M. Cardozo; E. Cedillo; J. Frutos (eds.), Stratabound Ore Deposits in the Andes. Springer, Berlin, 759-773.

Gehlen, K. von; Grauert, B.; Nielsen, H. (1986): REE minerals in southern Schwarzwald veins and isotope studies on gypsum from the central Schwarzwald. N. Jb. Miner., Mh. 1986, 393–399.

Giese, U.; Knittel, U.; Kramm, U. (1986): The Paracale Intrusion: geologic setting and petrogenesis of a trondhjemite intrusion in the Philippine island arc. J. Southeast Asian Earth Sci. 1, 235–245.

Giese, U.; Hoegen, R. von; Hoymann, K.-H.; Kramm, U.; Walter, R. (1994): The Palaeozoic evolution of the Ossa Morena Zone and its boundary to the South Portuguese Zone in SW Spain: Geological constraints and geodynamic interpretation of a suture in the Iberian Variscan orogen. N. Jb. Geol. Paläont. Abh. 192, 3, 383–412.

Glodny, J.; Grauert, B.; Krohe, A.; Fiala, J.; Vejnar, Z. (1995): Altersinformationen aus Pegmatiten der westlichen Böhmischen Masse (ZEV, Teplà-Barrandium, Moldanubikum). Poster presented at 8th Annual KTB Colloquium, KTB-Koordinatorenbüro, Univ. Gießen, Germany, May 25 and 25, 1995.

Glodny, J.; Grauert, B.; Fiala, J; Vejnar, Z.; Krohe, A (1998): Metapegmatites in the Western Bohemian Massif: Ages of crystallisation and metamorphic overprint as constrained by U-Pb zircon, monazite, garnet, columbite and Rb-Sr muscovite data. Geol. Rundsch. 87, 124–134.

Grauert, B. (1982): The age of rocks. In: G. Angenheister (ed.), Physical Properties of Rocks. Landolt-Börnstein Neue Serie V/1b. Springer, Berlin Heidelberg New York.

Grauert, B.; Baumann, A.; Kalt, A. (1990): Variszische HT-Mylonite und Anatexite im zentralen Schwarzwald – Egebnisse aus Rb-Sr-Altersbestimmungen an Gesamtgesteinen. Ber. Deutsch. Mineral. Ges. Beih. z. Eur. J. Mineral. Vol. 2, 1990, No. 1, 81.

Grauert, B.; Blümel, P.; Lork, A. (1992): Hinweise auf prädevone und karbone Metamorphosen in Gneisen der KTB-Vorbohrung: Ergebnisse aus Rb-Sr-Kleinbereichsanalysen. KTB-Report 92-4, 333–347.

Grauert, B.; Lork, A.; O'Brien, P. (1994): Altersbestimmungen akzessorischer Zirkone und Monazite aus der KTB-Vorbohrung. KTB-Rep. 94-2, B30, Niedersächsisches Landesamt für Bodenforschung, Hannover, Germany.

Gunnesch, K. A.; Gunnesch, M.; Baumann, A.; Delegado, H. (1984): Investigaciones mineralógicas y metalogenéticas en las areas mineras de Milpo, Atacocha y Machcan (Peru Central). Soc. Geol. Peru 60, 1–13.

Gunnesch, K. A.; Baumann, A.; Gunnesch, M. (1990): Lead isotope variations across the central Peruvian Andes. Econ. Geol. 85, 1384–1401.

Haack, U.; Gohn, E. (1988): Rb-Sr data on some pegmatites in the Damara orogen (Namibia). Communs Geol. Surv. S.W. Africa/Namibia 4, 13–17.

Haack, U.; Gohn, E.; Klein, J. A. (1980): Rb/Sr ages of granitic rocks along the middle reaches of the Omaruru River and the timing of orogenic events in the Damara Belt (Namibia). Contrib. Mineral. Petrol. 74, 349–360.

Hansen, B. T. und Arbeitsgruppe Geochronologie des KTB (1990): Geochronologie im Umfeld der Kontinentalen Tiefbohrung. KTB-Report 90-4, 333–340.

Hansen, B. T.; Friderichsen, J. D. (1987): Isotopic age dating in Liverpool Land, East Greenland. Rapp. Grønlands Geol. Unders. 134, 25–37.

Hansen, B. T.; Friderichsen, J. D. (1989): The influence of recent lead loss on the interpretation of disturbed U-Pb systems in zircons from igneous rocks in East Greenland. Lithos 23, 209–223.

Hansen, B. T.; Kalsbeek, F. (1989): Precise age for the Ammassalik Intrusion Complex. Rapp. Grønlands Geol. Unders. 146, 46–47.

Hansen, B. T.; Tembusch, H. (1979): Rb-Sr isochron ages from east Milne Land, Scoresby Sund, East Greenland. Rapp. Grønlands Geol . Unders. 95, 96–101.

Hansen, B. T.; Steiger, R. H.; Higgins, A. K. (1981): Isotopic evidence for a Precambrian metamorphic event within the Charcot Land window, East Greenland Caledonian Fold. Bull. Geol. Soc. Denmark 29, 151–160.

Hansen, B. T.; Higgins, A. K.; Borchardt, B. (1987): Archean U-Pb zircon ages from the Scoresby Sund region, East Greenland. Rapp. Grønlands Geol. Unders. 134, 19–24.

Hansen, B. T.; Kalsbeek, F.; Holm, P. M. (1987): Archean age and Proterozoic metamorphic overprinting of the crystalline basement at Victoria Fjord, North Greenland. Rapp. Grønlands Geol. Unders. 133, 159–168.

Hansen, B. T.; Steiger, R. H.; Henriksen, N.; Borchardt, B. (1987): U-Pb and Rb-Sr age determinations on Caledonian plutonic rocks in the central part of the Scoresby Sund region, East Greenland. Rapp. Grønlands Geol. Unders. 134, 5–18.

Hansen, B. T.; Persson, P. O.; Söllner, F.; Lindh, A. (1989): The influence of recent lead loss on the interpretation of disturbed U-Pb systems in zircons from metamorphic rocks in southwest Sweden. Lithos 23, 123–136.

Hansen, B. T.; Teufel, S.; Ahrendt, H. (1989): Geochronology of the Moldanubian-Saxothuringian transition zone, Northeast Bavaria. In: R. Emmermann; J. Wohlenberg (eds.), The German Continental Deep Drilling Programme. Springer, 55–66.

Haverkamp, J.; Hoegen, J. von; Kramm, U.; Walter, R. (1991): Application of U-Pb systems from detrital zircons for paleogeographic reconstructions – A case study from the Rhenohercynian. Geodinamica Acta 5, 69–82.

Henjes-Kunst, F.; Kreuzer, H. (1982): Isotopic dating of pre-Alpidic rocks from the island of Ios (Cyclades, Greece). Contrib. Mineral. Petrol. 80, 245–253.

Henjes-Kunst, F.; Altherr, R.; Kreuzer, H.; Hansen, B. T. (1988): Disturbed U-Th-Pb systematics of young zircons and uranthorites: The case of the Miocene Aegean granitoids (Greece). Chemical Geology 73, 125–145.

Henjes-Kunst, F.; Altherr, R.; Baumann, A. (1990): Evolution and composition of the lithospheric mantle underneath the western Arabian peninsula: Constraints from Sr-Nd isotope systematics of mantle xenoliths. Contrib. Mineral. Petrol. 105, 460–472.

Hoegen, J. von; Kramm, U.; Walter, R. (1990): The Brabant Massif as part of Amorica/Gondwana: U-Pb isotopic evidence from detrital zircons. Tectonophysics 185, 37–50.

2.10 Verzeichnis der Veröffentlichungen mit Ergebnissen des ZLG

Hofmann, R.; Baumann, A. (1984): Preliminary report on the Sr isotopic composition of hydrothermal vein barites in the Federal Republic of Germany. Mineral. Deposita 19, 166–169.

Hofmann, R.; Baumann, A. (1986): Sr isotopic composition of brines from West German thermal springs. N. Jb. Geol. Paläont., Mh. 1986, 591–598.

Ionov, D. A.; Kramm, U.; Stosch, H.-G. (1992): Evolution of the upper mantle beneath the southern Baikal rift zone: a Sr-Nd isotope study of xenoliths from the Bartoy volcanoes. Contrib. Mineral. Petrol. 111, 235–247.

Jarrar, G.; Baumann, A.; Wachendorf, H. (1983): Age determinations in the Precambrian basement of the Wadi Araba area, southwest Jordan. Earth Planet. Sci. Lett. 63, 292–304.

Jung, D.; Keller, J.; Khorasani, R.; Marcks, C.; Baumann, A.; Horn, P. (1984): Petrology of the Tertiary magmatic activity in the Northern Lut Area, East Iran. N. Jb. Geol. Paläont. Abh. 168, 417–467.

Kalt, A.; Grauert, B.; Baumann, A. (1994): Rb-Sr and U-Pb isotope studies on migmatites from the Schwarzwald (Germany): constraints on isotope resetting during Variscan high-temperature metamorphism. J. Metamorph. Geol. 12, 667–680.

Kerntke, M.; Tarkian, M.; Baumann, A. (1991): Geochemie und Geochronologie der Magmatite von Lutopan und Talamban, Cebu (Philippinen). Mitt. Geol.-Paläont. Inst. Univ. Hamburg 71, 93–120.

Klee, S.; Baumann, A.; Thiedig, F. (1992): Age relations of the high grade metamorphic rocks in the Terra Nova Bay Area, North Victoria Land, antarctica: a preliminary report. Polarforschung 60, 101–106.

Kleinschrot, D.; Klemd, R.; Bröcker, M.; Okrusch, M.; Franz, L.; Schmidt, K. (1994): Protores and country rocks of the Nsuta manganese deposit (Ghana). N. Jb. Miner. Abh. 168, 67–108.

Klemd, R.; Bröcker, M.; Schramm, J. (1995): Characterization of amphibolite-facies fluids of Variscan eclogites from the Orlica-Snieznik dome (Sudetes, SW Poland). Chemical Geolog. 119, 101–113.

Knüver, M. (1983): Dataciones radimétricas de rocas plutónicas y metamórficas. In: F. G. Aceñolaza; H. Miller; A. Toselli (eds.), Geología de la Sierra de Ancasti. Münster. Forsch. Geol. Paläont. 59, 201–218.

Knüver, M.; Miller, H. (1981): Ages of metamorphic and deformational events in the Sierra de Ancasti (Pampean Ranges; Argentina). Geol. Rundsch. 70, 1020–1029.

Knüver, M.; Miller, H. (1982): Rb-Sr geochronology of the Sierra de Ancasti (Pampean Ranges, NW Argentina). Quinto Congresso Latinoamericano de Geología, Argentina, Actas III, 457–471.

Krahn, L.; Baumann, A. (1996): Lead isotope systematics of epigenetic lead-zinc mineralization in the western part of the Rheinisches Schiefergebirge (Germany). Mineral. Deposita 31, 225–237.

Kramm, U. (1990): U-Pb dating of the Devonian-Carboniferous boundary. In: G.S. Odin (ed.), Bull. Liais. IUGS Subcom. Geochronol. Phanerozoic Time Scale, 45.

Kramm, U. (1993): Mantle components of carbonatites from the Kola alkaline province, Russia and Finland: A Nd-Sr study. Eur. J. Mineral. 5, 985–989.

Kramm, U. (1994): Isotope evidence for ijolite formation by fenitization: Sr-Nd data of ijolites from the type locality Iivaara, Finland. Contrib. Mineral. Petrol. 115, 279–286.

Kramm, U.; Bless, M. J. M. (1986): Sr isotopic analysis of anhydrites and pseudomorphs of calcite after anhydrite from Visean rocks of Heugem (South Limburg, Netherlands) and St-Ghislain (SW Belgium). Annales Soc. Geol. Belgique 109, 603–607.

Kramm, U., Buhl, D. (1985): U-Pb zircon dating of the Hill Tonalite, Venn-Stavelot Massif, Ardennes. N. Jb. Geol. Paläont., Abh. 171, 329–337.

Kramm, U.; Koark, H. J. (1988): Isotopic composition of galena lead from the Norra Kärr peralkaline complex, Sweden. Geologiska Föreningens i Stockholm Förhandlingar 110, 311–316.

Kramm, U.; Wedepohl, K. H. (1990): Tertiary basalts and peridotite xenoliths from the Hessian Depression (NW Germany), reflecting mantle compositions low in radiogenic Nd and Sr. Contrib. Mineral. Petrol. 106, 1–8.

Kramm, U.; Wedepohl, K. H. (1991): The isotopic composition of strontium and sulfur in seawater of Late Permian (Zechstein) age. Chemical Geology 90, 253–262.
Kramm, U.; Blaxland, A. B.; Kononova, A.; Grauert, B. (1982): Origin of the Ilmenogorsk-Vishnevogorsk nepheline syenites, Urals, USSR, and their time of emplacement during the history of the Ural fold belt: A Rb-Sr study. J. Geol. 91, 427–435.
Kramm, U.; Buhl, D.; Chernychev, I. V. (1985): Caledonian or Variscan metamorphism in the Venn-Stavelot Massif, Ardennes? Arguments from K-Ar and Rb-Sr study. N. Jb. Geol. Paläont., Abh. 171, 339–349.
Kramm, U.; Kogarko, L. N.; Kononova, V. A.; Vatiainen, H. (1993): The Kola alkaline province of the CIS and Finland: Precise Rb-Sr ages define 380-360 Ma age range for all magmatism. Lithos 30, 33–44.
Krohe, A. (1994): Verformungsgeschichte in der mittleren Kruste eines magmatischen Bogens – Der variszische Odenwald als Modellregion. Geotekt. Forsch. 80, 1–147.
Krohe, A. (1996): Variscan tectonics of Central Europe: Postaccretionary intraplate deformation of weak continental lithosphere. Tectonics 16, 1364–1388.
Krohe, A.; Willner, A. P. (1995): Structure of the Odenwald. In: R. D. Dallmeyer; W. Franke; K. Weber (eds.), Pre-Permian Geology of Central and Eastern Europe (IGCP-Project 233 Terrains in the Circum-Atlantic Orogens), Springer, 175–181.
Kogarko, L. N.; Kramm, U.; Blaxland, A.; Grauert, B.; Petrova, E. N. (1981): Alter und Herkunft der alkalischen Gesteine des Khibina-Massivs (Rb-Sr-Isotopendaten) (Russ.). Dokl. Akad. Nauk SSSR 260, 1001–1004.
Kogarko, L. N.; Kramm, U.; Grauert, B. (1983): Neue Ergebnisse zu Alter und Genese der alkalischen Gesteine des Lovozero-Massivs (Rb-Sr-Studie) (Russ.). Dokl. Akad. Nauk SSSR 268, 970–972.
Kononova, V. A.; Kramm, U.; Grauert, B. (1983): Alter und Herkunft der Miaskite des Ilmeno-Vishnevogorsk-Komplexes im Ural (Rb-Sr-Isotopenstudie) (Russ.). Dokl. Akad. Nauk SSSR 273, 1226–1230.
Lork, A.; Koschek, G. (1991): Einsatz der KL-Technik bei der Beurteilung isotopengeochemisch bestimmter Alter von Zirkonen. Beitr. Elektronenmikroskop. Direktabb. Oberfl. 24, 147–166.
Lork, A.; Miller, H.; Kramm, U.; Grauert, B. (1990): Sistemática U-Pb de circones dedríticos de la Fm. Puncoviscana y su significado para la edad máxima de sedimentación en la Sierra de Cachi (Prov. de Salte, Argentina). In: F. Acenolaza; J. Toselli (eds.), El ciclo Pampeano en el Noroeste Argentina Ser. Correlacion Geologica 4, 199–208.
Lork, A.; Grauert, B.; Kramm, U.; Miller, H. (1991): U-Pb investigations of monazite and polyphase zircon: Implications for age and petrogenesis of trondhjemites of the southern Cordillera Oriental, NW Argentina. 6. Congr. Geol. Chileno, Resumenes expandidos, 389–402.
Loske, W. P.; Miller, H.; Kramm, U. (1988): Charakter und Alter der Liefergesteine des Trinity-Peninsula-Formation-Metasandsteins auf Cape Legoupil, Antarktische Halbinsel: U-Pb-Isotopenuntersuchungen an detritischen Zirkonen. N. Jb. Geol. Paläont., Mh. 1988, 440–452.
Loske, W. P.; Miller, H.; Kramm, U. (1988): U-Pb systematics of detrital zircons from low-grade metamorphic sandstones of the Trinity Peninsula Group (Antarctica). J. South Amer. Earth Sci. 1, 301–307.
Loske, W. P.; Miller, H.; Kramm, U. (1989): U-Pb zircon and monazite ages of the La Angostura granite and the orogenic history of the northwest Argentine basement. J. South Amer. Earth Sci. 2, 147–153.
Mengel, K.; Kramm, U.; Wedepohl, K. H.; Gohn, E. (1984): Sr isotopes in peridotite xenoliths and their basaltic host rocks from the northern Hessian Depression (NW Germany). Contrib. Mineral. Petrol. 87, 369–375.
Mengel, K.; Borsuk, A. M.; Gurbanov, A. G.; Wedepohl, K. H.; Baumann, A.; Hoefs, J. (1987): Origin of spilitic rocks from the southern slope of the Greater Caucasus. Lithos 20, 115–133.

Mezger, K.; Altherr, R.; Okrusch, M.; Henjes-Kunst, F.; Kreuzer, H. (1985): Genesis of acid/basic rock associations: a case study. The Kallithea intrusive complex, Samos, Greece. Contrib. Mineral. Petrol. 90, 353–366.

Miller, H.; Loske, W.; Kramm, U. (1987): Zircon provenance and Gondwana reconstruction: U-Pb data of detrital zircons from Triassic Trinity Peninsula Formation metasandstones. Polarforschung 57, 59–69.

Mposkos, E.; Wawrzenitz, N. (1995): Metapegmatites and Pegmatites bracketing the time of HP-metamorphism in polymetamorphic rocks of the E-Rhodope, N-Greece. Proceedings of the XV Congress of the Carpatho-Balcan Geological Association, Sept. 95, Athens. Geol. Soc. Greece, Spec. Publ. 4, 602–608.

Neubauer, F.; Frisch, W.; Hansen, B. T. (1987): Time relations between Eoalpine metamorphism and thrusting: Evidence from the crystalline basement of the Eastern Greywacke Zone. In: H. W. Flügel; P. Faupel (eds.), Geodynamics of the Eastern Alps. Deuticke, Wien, 263–271.

O'Brien, P.J.; Duyster, J.; Grauert, B.; Schreyer, W.; Stöckhert, B.; Weber, K. (1997): Crustal evolution of the KTB drill site: from oldest to late Hercynian granites. J. Geophys. Res. 102, 18 203–18 220.

Ostermann, M.; Deutsch, A.; Schärer, U. (1996) Impact melt dikes in the Sudbury multiring basin (Canada): Implications from U-Pb geochronology on the Foy Offset. Meteoritics & Planetary Sci. 31, 494–501.

Patchett, P.J.; Jocelyn, J. (1979): U-Pb zircon ages for late Precambrian igneous rocks in South Wales. J. Geol. Soc. Lond. 136, 13–19.

Patchett, P. J.; Bylund, G.; Upton, G. B. J. (1978): Palaeomagnetism and the Grenville orogeny: New Rb-Sr ages from dolerites in Canada and Greenland. Earth Planet. Sci. Lett. 40, 349–364.

Persson, P. O.; Hansen, B. T. (1982): The Rb-Sr age of the Sundsta granite in the Western Pregothian tectonic mega-unit, south-western Sweden. Geologiska Fören. Forh. Stockholm 104, 17–21.

Persson, P. O.; Wahlgren, C.-H.; Hansen, B. T. (1983): U-Pb ages of Proterozoic metaplutonics in the gneiss complex of southern Värmland, south-western Sweden. Geologiska Fören. Forh. Stockholm 105, 1–8.

Persson, P. O.; Malmström, L.; Hansen, B. T. (1987): Isotopic datings of reddish granitoids in southern Värmland, southwestern Sweden. Geol. Rundsch. 76, 389–406.

Reimold, W. U. (1982): The Lappajärvi meteorite crater, Finland: petrography, Rb-Sr, mayor and trace element geochemistry of the impact melt and basement rocks. Geochim. Cosmochim. Acta 46, 1203–1225.

Reimold, W. U.; Grieve, R. A. F.; Palme, H. (1981): Rb-Sr dating of the impact melt from East Clearwater, Quebec. Contrib. Mineral. Petrol. 76, 73–76.

Schärer, U.; Deutsch, A. (1990): Isotope systematics and shock-wave metamorphism II: U-Pb and Rb-Sr in naturally shocked rocks; the Haughton Impact Structure, Canada. Geochim. Cosmochim. Acta 54, 3435–3447.

Schenk, V. (1980): U-Pb and Rb-Sr radiometric dates and their correlation with metamorphic events in the granulite-facies basement of the Serre, Southern Calabria (Italy). Contrib. Mineral. Petrol. 73, 23–38.

Schenk, V. (1981): Synchronous uplift of the lower crust of the Ivrea Zone and of Southern Calabria and its possible consequences for the Hercynian orogeny in Southern Europe. Earth Planet. Sci. Lett. 56, 305–320.

Schleicher, H.; Keller, J.; Kramm, U. (1990): Isotopic studies on alkaline volcanics and carbonatites from the Kaiserstuhl, Federal Republic of Germany. Lithos 26, 21–35.

Schleicher, H.; Baumann, A.; Keller, J. (1991): Pb isotopic systematics of alkaline volcanic rocks and carbonatites from the Kaiserstuhl, Upper Rhein rift valley, F.R.G. Chemical Geology 93, 231–243.

Sindern, S.; Kramm, U. (1996): Isotopengeochemische Behandlung des Stoffaustauschs in der Fenitaureole des Iivaara-Alkaligesteinskomplexes, Finnland. Proceedings Freiberger Isotopenkolloquium 1996, 221–230.

2 Das „Zentrallaboratorium für Geochronologie" (ZLG) in Münster

Söllner, F.; Hansen, B. T. (1987): „Pan-afrikanisches" und „kaledonisches" Ereignis im Ötztal-Kristallin der Ostalpen: Rb-Sr- und U-Pb-Altersbestimmungen an migmatiten und Metamorphiten. Jb. Geol. B.-A. 130, 529–569.
Söllner, F.; Schmidt, K.; Baumann, A.; Hansen, B. T. (1982): Zur Altersstellung des Winnebach-Migmatits im Ötztal (Ostalpen). Verh. Geol. B.-A. Wien 1982, 95–106.
Söllner, F.; Lammerer, B.; Weber-Diefenbach, K.; Hansen, B. T. (1986): Neue Altersdaten zur brasilianischen Orogenese im Küstengebiet von Espirito Santo, Brasilien. Berliner Geowiss. Abh., Reihe A, Sonderband, 55.
Söllner, F.; Lammerer, B.; Weber-Diefenbach, K.; Hansen, B. T. (1987): The Brasiliano orogenesis: Age determinations (Rb-Sr and U-Pb) in the coastal mountain region of Espirito Santo, Brazil. Zbl. Geol. Paläont. 1987, Teil I, 729–741.
Stöffler, D.; Deutsch, A.; Avermann, M.; Bischoff, L.; Brockmeyer, P.; Buhl, D., Lakomy, R.; Müller-Mohr, V. (1994) The formation of the Sudbury Structure, Canada: toward a unified impact model. In: B. O. Dressler; R. A. F. Grieve; V. L. Sharpton (eds.), Large Meteorite Impacts and Planetary Evolution. Geol. Soc. Amer. Spec. Paper 293, 303–318.
Tarkian, M.; Lofti, M.; Baumann, A. (1984): Magmatic copper and lead-zinc ore deposits in the central Lut, East Iran. N. Jb. Geol. Paläont., Abh. 168, 497–523.
Tegtmeyer, A. R.; Kröner, A. (1987): U-Pb zircon ages bearing on the nature of Early Archean greenstone belt evolution, Barberton Mountainland, Southern Africa. Precambrian Res. 36, 1–20.
Todt, W. A.; Büsch, W. (1981): U-Pb investigations on zircons from pre-Variscan gneisses – I. A study from the Schwarzwald, West Germany. Geochim. Cosmochim. Acta 45, 1789–1801.
Trumbull, R. B. (1993): A petrological and Rb-Sr isotopic study of an early Archean fertile granite-pegmatite system: the Sinceni Pluton in Swaziland. Precambrian Res. 61, 89–116.
Wahlgren, C.-H.; Persson, P.-O.; Hansen, B. T. (1981): The age of thrusting of the Glaskogen Nappe in the Gillberga Synform. Sveriges Geologiska Undersökning, Ser. C, 781, 38–43.
Wawrzenitz, N. (1994): Ein miozäner metamorpher Kernkomplex in Nordgriechenland (Insel Thassos, Rhodope Massiv) – Variszische Vorgeschichte und alpine Geschichte der Versenkung und Exhumierung mittelkrustaler Gesteine. Erlanger Geol. Abh. 124, 61–75.
Wawrzenitz, N.; Krohe, A. (1988): Exhumation and doming of the Thasos metamorphic core complex (S Rhodope, Greece), structural and geochronological constraints. Tectonophysics 285, 310–332.
Wawrzenitz, N.; Mposkos, E. (1997): First evidence for lower cretaceous HP HT-metamorphism in the eastern Rhodope, North Aegean Region, North-East Greece. Eur. J. Mineral. 9, 659–664.
Wedepohl, K. H.; Baumann, A. (1997): Isotope composition of Medieval lead glasses reflecting early silver production in Central Europe. Mineral. Deposita 32, 292–295.
Wildberg, H.; Baumann, A. (1987): Composición de isótopos de Sr de las rocas magmáticas del Complejo Ofiolítico de Nicoya, Costa Rica, América Central. In: H. Miller (ed.), Investigaciones Alemanas Recientes en Latinoamérica: Geologia Verlag Chemie, Weinheim, 18–24.
Wildberg, H.; Baumann, A. (1988): The ophiolitic Nicoya Complex, Cost Rica, Central America: Genetic implications by the Sr isotopic composition of igneous rocks. Transactions 11. Caribbian Conf. Barbados 23, 1–7.
Wildberg, H. G. H.; Bischoff, L.; Baumann, A. (1989): U-Pb ages of zircons from metaigneous and meta-sedimentary rocks of the Sierra de Guadarrama: implications for the Central Iberian crustal evolution. Contrib. Mineral. Petrol. 103, 253–262.
Wilson, R.; Hansen, B. T.; Pedersen, S. (1983): Zircon U-Pb evidence for the age of the Fongen-Hyllingen complex, Trondheim region, Norway. Geologiska Fören. Forh. Stockholm 105, 68–70.

2.11 Verzeichnis der Dissertationen und Habilitationsschriften des ZLG

Zeck, H. P.; Hansen, B. T. (1988): Rb-Sr mineral ages for the Grenvillian metamorphic development of spilites from the Dalsland Supracrustal Group, SW Sweden. Geol. Rundsch. 77, 683–692.

Zeck, H. P.; Albat, F.; Hansen, B. T.; Torres-Roldan, R. L.; Garcia-Casco, A. (1989): Alpine tourmaline-bearing muscovite leucogranites, intrusion age and petrogenesis, Betic Cordilleras, SE Spain. N. Jb. Miner., Mh. 1989, 513–520.

Zeck, H. P.; Albat, F.; Hansen, B. T.; Torres-Roldan, R. L.; Garcia-Casco, A.; Martin-Algarra, A. (1989): A 21+/-2 Ma age for the termination of the ductile Alpine deformation in the internal zone of the Betic Cordilleras, South Spain. Tectonophysics 169, 215–220.

Zeck, H. P.; Monie, P.; Villa, I.; Hansen, B. T. (1990): Mantle diapirism in the W-Mediterranean and high rates of regional uplift, denudation and cooling. Symp. on Diapirism, Teheran 1990, Vol. 2, 404–421.

2.11 Verzeichnis der Dissertationen und Habilitationsschriften mit Ergebnissen des ZLG

Abdullah, N. (1996): Geochronologische und petrographische Untersuchungen im Umfeld der kontinentalen Forschungstiefbohrung in Ostbayern. Dissertation Universität Münster, 146 S.

Bachmann, G. (1985): Untersuchungen zum Strontium-Isotopenaustausch in polymetamorphen Bändergneisen Nordwest-Argentiniens. Dissertation Universität Münster, 162 S.

Berg, K. (1982): Petrogenese und Geochronologie der Magmatite in der Küstenkordillere südöstlich von Chañaral, Nordchile. Dissertation Technische Universität Berlin, 78 S.

Bockemühl, C. (1988): Der Marteller Granit (Südtirol, Italien). Dissertation Universität Basel, 143 S.

Buhl, D. (1987): U-Pb- und Rb-Sr-Altersbestimmungen und Untersuchungen zum Strontiumisotopenaustausch an Graniten Südindiens. Dissertation Universität Münster, 197 S.

Damm, K.-W. (1980): Petrologie und Geochronologie der Magmatite im Küstenkordillerensegment Taltal-Chañaral (Nordchile). Dissertation Technische Universität Berlin, 98 S.

Glodny, J. (1997): Der Einfluß von Deformation und fluidinduzierter Diaphthorese auf radioaktive Zerfallssysteme in Kristallingesteinen. Dissertation Universität Münster, 262 S.

Gunnesch, K. A. (1986): Petrologie und Metallogenese des Atacocha-Distrikts im Rahmen der geologischen Entwicklung Zentral-Perus. Habilitationsschrift, Universität Heidelberg, 177 S.

Haverkamp, J. (1991): Detritus-Analyse unterdevonischer Sandsteine des Rheinisch-Ardennischen Schiefergebirges und ihre Bedeutung für die Rekonstruktion der sedimentliefernden Hinterländer. Dissertation RWTH Aachen, 226 S.

Heede, H.-U. (1996): Isotopengeologische Untersuchungen an Gesteinen des ostalpinen Saualpenkristallins, Kärnten, Österreich. Dissertation Universität Münster, 177 S.

Jarrar, G. (1984): Late Proteozoic crustal evolution of the Arabian-Nubian shield in the Wadi Araba area, SW-Jordan. Braunschweiger Geol.-Paläont. Dissertation 2, 107 S.

Kalt, A. (1991): Isotopengeologische Untersuchungen an Metabasiten des Schwarzwaldes und ihren Rahmen-Gesteinen. Freiburger Geow. Beitr. 3, 1–185.

Kerntke, M. (1992): Petrographische, geochemische und geochronologische Untersuchungen der Porphyry-Kupferlagerstätte Atlas Mining auf der Insel Cebu (Philippinen). Dissertation Universität Hamburg, 291+28 S.

Kluge, R. (1996): Geochronologische Entwicklung des Margarita-Krustenblocks, NE Venezuela. Dissertation Universität Münster, 196 S.
Knittel, U. (1982): Genese und Vererzungen des Syenitkomplexes von Cordon (Philippinen). Dissertation RWTH Aachen, 143 S.
Knüver, M. (1981): Geochronologische und granittektonische Untersuchungen in der Sierra de Ancasti (Provinz Catamarca, Argentinien). Dissertation Universität Münster, 169 S.
Krahn, L. (1988): Buntmetall-Vererzung und Blei-Isotopie im Linksrheinischen Schiefergebirge. Dissertation RWTH Aachen, 199 S.
Kramm, U. (1993): Isotopengeochemische Untersuchungen zu Ursprung, Verwandtschaft und Kontamination alkaliner und karbonatitischer Magmen in kontinentalen Riftzonen. Habilitationsschrift Universität Münster, 341 S.
Kukla, C. (1992): Strontium isotope heterogeneities in amphibolite facies, banded metasediments – a case study from the Late Proterozoic Kuiseb Formation of the Southern Damara orogen, Central Namibia. Dissertation Universität Würzburg, 223 S.
Mecklenburg, S. (1987): Geochronologische und isotopengeochemische Untersuchungen an Gesteinen des Brockenintrusionskomplexes (Westharz). Dissertation Universität Hamburg, 79 S.
Persson, P.-O. (1986): A geochronological study of Proterozoic granitoids in the gneiss complex of south-western Sweden. Ph. D. thesis Universität Lund, Schweden.
Schleicher, H. (1986): Isotopengeochemie der Alkalivulkanite des Kaiserstuhls. Habilitationsschrift Universität Freiburg, 200 S.
Schulz, M. (1982): Zur Genese des Ödwieser Granits. Dissertation Universität München, 130 S.
Tembusch, H. (1983): Rb-Sr-Isotopenanalysen im Kleinbereich am Beispiel kalksilikatfelsführender Paragneise des Bayerischen Waldes. Dissertation Universität Münster, 190 S.
Teufel, S. (1988): Vergleichende U-Pb- und Rb-Sr-Altersbestimmungen an Gesteinen des Übergangsbereiches Saxothuringikum/Moldanubikum, NE-Bayern. Göttinger Arb. Geol. Paläont. 35, 1–87.
Trumbull, R.B. (1990): The age, petrology and geochemistry of the Archean Sinceni pluton and associated pegmatites in Swaziland: A study of magmatic evolution. Dissertation Technische Universität München, 147 S.
Wawrzenitz, N. (1997): Mikrostrukturell unterstützte Datierung von Deformationsinkrementen in Myloniten: Dauer der Exhumierung und Aufdomung des metamorphen Kernkomplexes der Insel Thasos (Süd-Rhodope, Nordgriechenland). Dissertation Universität Erlangen-Nürnberg, 198 S.
Wildberg, H. (1984): Die Magmatite des Nicoya-Komplexes, Costa Rica, Zentralamerika. Münster. Forsch. Geol. Paläont. 62, 123 S.

Mitglieder der Senatskommission für Geowissenschaftliche Gemeinschaftsforschung (Stand Dezember 1999)

Vorsitzender: Prof. Dr. Hans-Peter Harjes, Bochum

Prof. Dr. Wolfgang Andres
Institut für Physische Geographie
Fachbereich Geowissenschaften der Universität
Senckenberganlage 36
60325 Frankfurt/M.

Prof. Dr.-Ing. Hans-Peter Bähr
Institut für Photogrammetrie und Fernerkundung der Universität
Englerstraße 7
76128 Karlsruhe

Prof. Dr. Rolf Emmermann
GeoForschungsZentrum Potsdam
Telegrafenberg A17
14473 Potsdam

Prof. Dr. Wolfgang Franke
Institut für Geowissenschaften und
Lithosphärenforschung der Universität
Senckenbergstr. 3
35390 Gießen

Prof. Dr. Reinhard Gaupp
Institut für Geowissenschaften der Universität
Burgweg 11
07749 Jena

Prof. Dr. Klaus Germann
Institut für Angewandte Geophysik, Petrologie und
Lagerstättenforschung der Technischen Universität
Ernst-Reuter-Platz 1
10587 Berlin

Mitglieder der Senatskommission

Prof. Dr. Hans-Peter Harjes
Institut für Geophysik der Ruhr-Universität
Gebäude NA 3/165
44780 Bochum

Prof. Dr. Detlev Leythaeuser
Geologisches Institut
der Universität
Zülpicher Straße 49
50674 Köln

Prof. Dr. Volker Mosbrugger
Institut und Museum für Geologie und Paläontologie der Universität
Sigwartstraße 10
72076 Tübingen

Prof. Dr. Franz Nieberding
Preussag Energie GmbH
Postfach 1360
49803 Lingen

Prof. Dr. Peter Paufler
Fachbereich Physik
der Technischen Universität
Mommsenstraße 13
01069 Dresden

Prof. Dr. Kurt Roth
Institut für Umweltphysik
der Universität
Im Neuenheimer Feld 229
69120 Heidelberg

Prof. Dr. Kurt Schetelig
Lehrstuhl für Ingenieurgeologie und
Hydrogeologie der RWTH
Lochnerstraße 4–20
52064 Aachen

Prof. Dr. Friedrich Seifert
Bayerisches Geoinstitut für Experimentelle Geochemie und
Geophysik der Universität
Postfach 101251
95440 Bayreuth

Mitglieder der Senatskommission

Prof. Dr. Heinrich Soffel
Institut für Allgemeine und Angewandte
Geophysik der Universität
Theresienstraße 41/IV
80333 München

Prof. Dr. Jörn Thiede
Alfred-Wegener-Institut
für Polar- und Meeresforschung
Columbusstraße
27568 Bremerhaven

Prof. Dr.-Ing. F.-W. Wellmer
Bundesanstalt für Geowissenschaften
und Rohstoffe
Postfach 51 01 53
30631 Hannover

Ständiger Gast:
Dr. Sven Christensen
Landesamt für Natur und Umwelt
des Landes Schleswig-Holstein
Hamburger Chaussee 25
24220 Flintbek

Sekretär der Geokommission:
Dr. Ludwig Stroink
Institut für Geophysik
Ruhr-Universität Bochum
Postfach 10 21 48
44780 Bochum

Verantwortliche Fachreferenten der DFG:
Dr. Hans-Dietrich Maronde
und
Dr. Sören B. Dürr
Kennedyallee 40
53175 Bonn